U0272377

优质饲草与秸秆资源加工利用
——苜蓿与向日葵秸秆

高凤芹 等 ◎ 著

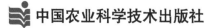

中国农业科学技术出版社

图书在版编目（CIP）数据

优质饲草与秸秆资源加工利用：苜蓿与向日葵秸秆 /
高凤芹等著 . -- 北京：中国农业科学技术出版社，
2024. 11. -- ISBN 978-7-5116-7146-2

Ⅰ . S816.5

中国国家版本馆 CIP 数据核字第 2024UD9790 号

责任编辑　陶　莲
责任校对　王　彦
责任印制　姜义伟　王思文

出 版 者　中国农业科学技术出版社
　　　　　北京市中关村南大街 12 号　邮编：100081
电　　话　（010）82109705（编辑室）（010）82106624（发行部）
　　　　　（010）82109709（读者服务部）
网　　址　https://castp.caas.cn
经 销 者　各地新华书店
印 刷 者　北京建宏印刷有限公司
开　　本　148 mm×210 mm　1/32
印　　张　3.5
字　　数　150 千字
版　　次　2024 年 11 月第 1 版　2024 年 11 月第 1 次印刷
定　　价　80.00 元

◄━━━ ▶版权所有·侵权必究◀ ━━━►

《优质饲草与秸秆资源加工利用
——苜蓿与向日葵秸秆》

著者名单

主 著：高凤芹 刘 斌 王建华

副主著：蒋 恒 景嫒嫒 渠 晖

参 著：包布和 吴铁成 杨国淋 王 涛

随着畜牧养殖业的快速发展，我国优质饲草产品供给严重不足，缺口高达 40% 以上，饲草产品质量总体偏低，尤其是特优级和优级苜蓿干草数量不足，优质青贮饲料缺口巨大，秸秆高效转化利用技术不足，阻碍畜牧业的健康持续稳定发展。因此，加强优质饲草产品的加工贮藏技术，提高秸秆资源高效转化利用技术，探索和开发利用新型饲料资源，提高饲草料自给率，对于保障畜牧业的健康可持续发展和缓解饲料粮的需求压力具有重大的战略意义。

据统计，2023 年我国紫花苜蓿（以下简称"苜蓿"）产量约 400 万 t，其中内蒙古苜蓿产量 55 万 t。据估算，2020 年我国向日葵秸秆（包括葵盘）产量约为 712.5 万 t，其中内蒙古向日葵秸秆产量约为 504.6 万 t。向日葵秸秆中含有丰富的营养成分及生物活性物质，在饲料领域具有广阔的应用前景，可为开发优质青贮饲料提供新思路。然而，我国每年产生的大量向日葵秸秆并未得到有效利用。为了提升内蒙古地区优质饲草与秸秆资源的高值高效利用，满足快速增长的畜牧养殖业发展的需求，开展提高苜蓿青贮品质，强化向日葵秸秆资源高效综合利用技术研究，旨在开发低成本家畜饲草料资源，增加冬春季节饲草料供给，实现节本增效，促进养殖业绿色高质量发展。

本书概述了我国青贮饲料的现状和开发新型饲料资源的必要

性。详细介绍了以苜蓿和向日葵秸秆为原料，通过青贮前处理优化，添加剂组成配比以及安全性检测，评价苜蓿单贮、苜蓿＋向日葵秸秆混贮及向日葵单贮三种方式的青贮品质和营养价值，确定最佳苜蓿和向日葵秸秆资源青贮加工调制关键技术；并通过奶牛饲喂试验研究不同比例混合青贮的添加量对泌乳奶牛生产性能、消化性能、微生物多样性、代谢组学的影响。综合评价苜蓿和向日葵秸秆青贮饲料的转化率、饲喂效果、经济效益，为推广降低奶牛饲喂成本的配套饲喂技术提供技术支撑和理论参考依据，以探究其在奶牛生产中的可行性和生产效益。

本书由内蒙古自治区科技计划项目"苜蓿和秸秆资源高效利用关键技术研究与应用"和国家秸秆综合利用课题"向日葵秸秆综合利用技术攻关项目"资助完成。在此，衷心感谢为本书辛勤付出的所有人。正是这些支持，使我们能够在向日葵秸秆饲料化利用这一领域取得进展与成果，并呈现于众。

本书将为向日葵秸秆资源的进一步开发利用提供科学依据和参考价值。希望通过本书的分享，能够激发更多关于饲料资源创新的思考和实践，为我国畜牧业高质量发展贡献绵薄之力。

高凤芹

2024 年 8 月

CONTENTS **目 录**

第 1 章

向日葵秸秆利用概况与前景

近几十年来，我国畜牧业发展迅速。随着畜牧业的蓬勃发展，人畜争粮的矛盾愈发严重。然而，由于草地超载过牧所造成的草地大面积退化现象和"人－草－畜"关系失衡等现象都反映出草畜矛盾突出，其根本原因在于饲草资源不足（其其格，2020；徐敏云，2014）。在我国"粮食安全"与"大食物观"背景下，守住耕地红线，扩充饲草料来源是目前饲草产业面临的重要问题。农作物秸秆饲料的开发以及盐碱地的利用是重要渠道。向日葵作为抗盐碱地先锋作物，种植向日葵不仅能产生经济效益，也能改良土壤。但向日葵秸秆的利用目前并没有受到广泛关注。

当前，在东北、西北和华北等畜牧业较为发达地区约有 9913 万 hm² 盐碱地。由于其 pH 高、含盐量高以及有机质低等特点，以致许多作物生长受到抑制。此外，盐碱化与荒漠化相伴相生甚至相互转化，不仅对我国土地资源的利用与开发造成很大负面影响，同时还进一步加剧饲草资源不足的状况。

2022 年中央一号文件指出，要积极挖掘和增加耕地潜力，支持将符合条件的盐碱地等后备资源适度有序开发为耕地。研究制订盐碱地综合利用规划和实施方案。分类改造盐碱地，推动由主要治理盐碱地适应作物向选育耐盐碱植物适应盐碱地转变。向日葵由于具有耐盐碱、耐贫瘠、耐寒、耐涝和抗干旱的特点而被誉为"抗盐碱先锋作物"，是生物治理盐碱地首选作物之一（贾秀苹 等，2022）。向日葵除油用、磕食外，葵盘、茎、叶及榨油后的油饼等仍然有一定的饲用价值，经加工后能用来饲喂牲畜。有研究表明 2017 年全球向日葵种植面积超过 2650 万 hm²，产生了 8000 万～ 18600 万 t 剩余秸秆（Mehdikhani et al.，2019）。不难发现，巨大体量的向日葵秸秆是不可忽视的资源。向日葵具有良好的饲草潜力，可作为玉米青贮饲料的补充（Neumann et al.，2013）。相比于玉米青贮和高粱青贮，向日葵青贮含有更高的粗蛋白、醚提取物和矿物质（Mello et al.，2004；Rodrigues et al.，2001）。研究表明，向日葵中钙、钾和镁离子高于玉米和高粱，但是在氮和钠上并没有差异。此外，向日葵的能值也高于玉米青贮（Oliveira et al.，2010）。但是向日葵秸秆加工利用较为困难，当前我国大部分农区向日葵秸秆都被焚烧处理，浪费资源的同时还造成了环境污染等问题。而在国外，如巴西等国家利用全株向日葵作为青贮饲料来源较为普遍，但在我国相关研究较少，对其营养成分、加工工艺和饲用价值的全面评定相对缺乏。

1.1 向日葵种植规模与秸秆产量

向日葵（英文名 Sunflower，拉丁名 *Helianthus annuus* L.）属菊科一年生草本植物，原产于北美洲，自明代中期传入我国（曾芸，2006）。早期仅作为观赏性植物栽培，清末时期的农学著作《抚郡农产考略》首次提到其油用价值，而直到民国时期才有较大面积种植向日葵的文献记载（叶静渊，1999）。新中国成立初期，向日葵种植面积依旧较少，1949 年向日葵全国种植面积仅为 0.2 万 hm²。随后的 20 年中，向日葵种植面积尽管有所增加，但由于其用途仍然以磕食为主，总面积依旧较少（郭树春 等，2021）。直至 20 世纪 70 年代，随着国家大力发展油料作物，国外优良油用向日葵被引进国内，同时我国积极自主培育杂交种（闻金光 等，2021），油用向日葵得以大面积推广。时至今日，向日葵已经成为我国五大油料作物之一。

我国作为世界第四大向日葵生产国，近十年来播种面积稳定在 100 万 hm² 左右（郭树春 等，2021），年产量约 266.4 万 t，种植区域主要分布于东北、华北和西北地区，其中内蒙古、新疆作为我国向日葵主产区，产量分别占 59.16% 和 16.43%（陈海军，2021）。截至 2019 年底，全国共登记向日葵品种 1687 个（李荣德 等，2021）。根据联合国粮食及农业组织统计，2020 年我国向日葵种植面积约 90 万 hm²，生产葵花籽数量 237.5 万 t。2020 年仅内蒙古一地葵花籽播种面积 57.1 万 hm²，葵花籽产量 168.2 万 t。Oliveira 等（2010）认为，向日葵鲜重产量高于玉米、饲用高粱和苏丹高粱，为 83.9 t/hm²。由于尚不清楚当前向日葵秸秆在全国范围内的产量，因而本文采用草谷比（即农作物副产品与主产品之比，表 1-1）以及毕于运等（2009）整理的秸秆系数计算秸秆量，公式表示为：

$$W_S = S_G \times W_P$$

式中：W_S，农作物秸秆产量，t；W_P，农作物经济产量，t；S_G，秸秆系数。

表 1-1　向日葵副产品与主产品的比例（草谷比）

项目	数值	资料来源
向日葵秆（包括向日葵盘）产量与向日葵籽（包括仁和壳）产量之比	3.0	根据对新疆、内蒙古两自治区胡麻和向日葵生产的调查结果给定

经计算 2020 全国向日葵秸秆（包括向日葵盘）产量为 712.5 万 t，其中内蒙古向日葵秸秆（包括向日葵盘）产量为 504.6 万 t。

1.2 向日葵秸秆营养价值

1.2.1 营养物质

成熟收获期的向日葵主秆干物质（Dry matter，DM）占全株的54%，叶仅占8%（史明，2015）。茎由内部的茎髓和外部的秸皮构成，秸皮占总茎干重的90%，纤维含量较高，其中总纤维素［由纤维素（Cellulose，CC）和半纤维素（Hemicellulose，HC）构成］含量为65.7%，纤维素含量为43.5%，木质素含（Lignin，LC）量为22.7%；茎髓中含有大量的果胶，纤维素含量较低（MarÉChal et al.，1999），其中总纤维素含量为45.8%，纤维素含量为25.0%，木质素含量为6.1%（表1–2）。葵盘中粗蛋白质（Crude protein，CP）含量为7.0%～9.0%、粗脂肪（Ether extract，EE）含量为6.50%～10.50%、无氮浸出物（Nitrogen free extract，NFE）含量为43.9%、粗灰分（Crude ash，CA）含量为10.1%（张金环 等，2005）。向日葵秸秆可溶性碳水化合物（Water soluble carbohydrate，WSC）8.96%、粗蛋白6.82%、中性洗涤纤维（Neutral detergent fiber，NDF）45.64%、酸性洗涤纤维（Water soluble carbohydrate，ADF）36.69%、粗灰分8.89%、粗蛋白、可溶性碳水化合物等营养物质含量均高于大豆秸秆、成熟期玉米秸秆、大麦秸秆、小麦秸秆以及燕麦秸秆（马宇莎，2022）。同时，向日葵秸秆富含钙、铁、铜、镁等矿物质元素，其中茎髓中含钙1716.4 μg/g、铁272.075 μg/g、铜23.8 μg/g、锌89.63 μg/g、锰16.20 μg/g、钾163.92 μg/g、钠111.82 μg/g、镁2205.94 μg/g（木合塔尔·阿里木 等，2007）。葵叶含粗纤维含量14.6%、粗蛋白14.0%、粗脂肪0.6%、粗灰分2.8%，钙、磷含量分别为3.1%、0.23%。

向日葵叶的营养价值高于青干草，与苜蓿干草养分含量相似（张润厚等，1997）。除此之外，向日葵秸秆还具有一定的药用价值，其茎、髓、叶均可入药。如葵叶中含有的石吊兰素、去甲氧基苏打基亭和木犀草素等具有降血压功效；24- 亚甲基环木菠萝烷醇具有抗氧化的作用（孔倩倩 等，2018）；茎髓提取物能够破坏金黄色葡萄球菌和大肠杆菌细胞壁和细胞膜，起到抑菌的作用（陈小强 等，2019）。

表 1–2　几种常见作物秸秆营养物质含量比较

单位：%

名称	粗脂肪	粗蛋白	中性洗涤纤维	酸性洗涤纤维	粗灰分
大豆秸秆	1.4	5	70	54	6
带穗玉米秸秆	2.4	9	48	29	7
成熟期玉米秸秆	1.3	5	70	44	7
大麦秸秆	1.9	4	78	54	7
小麦秸秆	1.8	3	81	58	8
燕麦秸秆	2.3	4	73	48	8

资料来源：中国饲料数据库，中国饲料成分及营养价值表第 31 版。

表 1–3　向日葵秸秆营养物质含量

单位：%

名称	可溶性碳水化合物	干物质	粗蛋白	粗脂肪	中性洗涤纤维	酸性洗涤纤维
向日葵秸秆	8.96	33.98	6.82	0.60	45.64	36.69

资料来源：马宇莎，2022。

1.2.2　生物活性物质

1.2.2.1　多糖

　　植物多糖（Polysaccharide）具有协助消化、抗病毒、抗氧化和调节免疫等生物学功能（何余堂 等，2010）。索金玲等（2010）在温度为 95 ℃、料液比 1∶20、提取时间 4 h 的条件下，提取向日葵花盘中水溶性粗多糖含量为 9.73%。姜守刚等（2018）在原料粒径大小 60 ～ 80 目、料液比为 1∶50、提取时间为 3.0 h、提取温度为 90℃、提取次数为 2 次的工艺条件下，测定茎髓中多糖含量为 6.56%，值为 266.03 mg/g。而木合塔尔等（2007）利用苯酚 - 硫酸法测定取自阿图什市的向日葵茎髓中多糖含量高达 17.62%，这或许是由于地区、气候以及品种的不同所造成的。谭笑（2017）在向日葵茎芯中提取出 HALWP-1、HALWP-2、HALWP-3 和 HALWP-4 四种多糖组分，并认为茎芯多糖能够促进脾和胸腺细胞的增殖从而达到抗肿瘤的作用。吴比（2019）推测构成向日葵茎髓多糖的单糖为 β-D- 甘露糖、β-D- 甘露糖醛酸以及 β-D- 葡萄糖等。张尚明等（1994）认为向日葵茎芯多糖能够提高小鼠的免疫能力。李远见等（2010）在肉仔鸡中添加 600 mg/kg 的向日葵茎芯原粉后，显著提高其血清白介素 -2 的含量。

1.2.2.2 绿原酸

绿原酸（Chlorogenic acid）是植物体内一种次代谢产物，具有抗氧化、抗菌和抗病毒等功效（李云聪 等，2021）。当前提取绿原酸的方法有水提法、醇提法、超声波辅助提取法以及超高压提取法（张燕丽，2021）。孙保中等（2022）通过高效液相色谱法测定开花期、果实成熟期葵叶中绿原酸含量分别为 1.25 mg/g 和 2.34 mg/g；并发现其纯提物能够减缓小鼠耳和足的肿胀症状。同时，研究表明葵叶中绿原酸有降低四氧嘧啶型糖尿病小鼠体内血糖水平、抑制肾肿大以及调节脂质代谢等作用（刘玉敏，2006）。张燕丽等（2021）

改进提取葵盘中绿原酸工艺后，葵花盘中绿原酸得率为 6.01 mg/g。优化后的工艺条件为超声温度 60 ℃、乙醇体积分数 40%、料液比 1∶50、超声时间 40 min、超声功率 90 W。并发现葵花盘中绿原酸能够抑制 α - 葡萄糖苷酶和 α - 淀粉酶，具有良好的体外降血糖效果（张燕丽，2021）。钟姣姣等（2014）提取向日葵秸秆中的绿原酸提取率为 2.408%，此时优化工艺为乙醇体积分数 80%、微波时间 4 min、微波温度 63 ℃、pH 为 6，并发现随着绿原酸质量浓度增加对超氧阴离子的清除率增大。

1.2.2.3　黄酮类化合物

植物中黄酮（Flavonoid）具有抗氧化、抗肿瘤和抗菌等生物活性的功效（杜蕾等，2022）。对于畜禽而言，能够改善其生产性能与繁殖性能（施雅娜等，2022）。向日葵在不同生长时期、不同部位黄酮含量有所不同。在幼苗时期黄酮含量最高，开花时期含量最低，进入成熟期后黄酮含量有所提高。此外，葵叶和葵盘中黄酮含量高于根、茎和茎髓（常璐 等，2022）。当前已从向日葵中分类了 6 种黄酮类化合物，其中包括 2 种查尔酮、2 种二氢黄酮、1 种黄酮醇和 1 种噢呋类成分（白嘉璇 等，2022）。刘小波等（2016）认为，向日葵中黄酮具有清除机体氧自由基、降低嘌呤和甘油三酯以及减缓肾脏细胞压力等作用。

1.2.2.4　萜类化合物

向日葵具有较强的生物学活性，其根本原因在于其含有丰富的萜类化合物（Terpenoids），主要包括倍半萜类、二萜类和单萜类等（索茂荣 等，2006）。目前已经从向日葵各个组织中分离出 22 个吉马烷内酯类，10 个愈创木烷内酯类化合物，15 个 Heliannuol 类化合物，15 个降倍半萜类化合物及其余各种其他类型倍半萜类化合物，具有异株克生、杀虫作用、抗菌、细胞毒性以及感化等生物学功能（杨舜伊 等，2022）。

1.3 向日葵秸秆的利用现状及难点

在科研领域中向日葵秸秆的利用比较多元化，目前多集中于生产沼气、生物乙醇以及材料领域如生物碳、刨花板等，本研究以中国知网（CNKI）为数据来源，检索近 15 年来向日葵秸秆的应用。检索式为：主题 =（向日葵）OR 主题 =（葵花）AND 主题（秸秆）。利用 VOSviewer 软件进行关键词分析。如图 1-1 所示，该关键词共现网络图以"向日葵秸秆""菊芋"和"向日葵"为核心，出现频率较高的关键词为"吸附""生物炭""乙醇"和"还田"等；在实践生产中，大量向日葵副产物仍被当作燃料或直接还田，对环境造成破坏的同时又造成资源浪费，仅有少部分被用作畜禽饲料。但随着对向日葵秸秆营养价值认识的深入，其价格低廉、来源广泛的特点越来越吸引人们的目光，是一种非常有开发价值的非常规饲料。

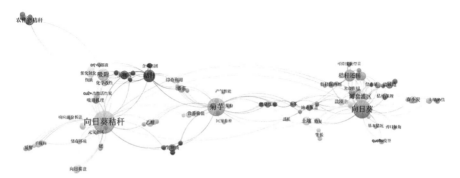

图 1-1　向日葵秸秆利用领域相关领域文献关键词的网络可视化分析

向日葵秸秆利用的难点在于其粗纤维含量高。脱籽向日葵中纤维含量最高的部分为秸皮，王丽珍等（2022）研究表明，秸皮中总纤维素（由纤维素和半纤维素构成）含量为 65.7%，纤维素含量为 43.5%，木质素含量为 22.7%；髓中总纤维素含量为 45.8%，纤维素含量为 25.0%，木质素含量为 6.1%。半纤维素由各种戊糖和己糖的短、高度支链组成（Lundqvist et al.，2003），比纤维素更亲水，更容易水解，木质素是由高度复杂的三维多酚化合物组成的木质纤维材料中的主要非碳水化合物成分。向日葵秸皮部分半纤维素含量较低，纤维素与木质素含量较高，因而难以分解利用。此外，向日葵秸秆中含有大量钾离子，且粗蛋白含量较低。马惠茹等（2014）认为，向日葵秆营养价值低，家畜采食后消化率差，并不适宜大量应用于养殖行业。向日葵秸秆质地坚硬且茎秆中空，不易被压实，空气难以排出。微观结构上，向日葵茎髓是由死亡的薄壁细胞组成的天然高分子多孔泡沫材料。因而调制青贮饲料的过程中较为困难，虽然能成功调制青贮饲料，但对青贮饲料品质有一定的负面影响。此外，向日葵茎秆表面覆盖又短又硬的刚毛，同时有较浓的中药气味，因而适口性较差。

尽管利用向日葵秸秆调制青贮有诸多弊端，但是通过青贮、微贮、氨化及发酵等技术处理秸秆，能提高秸秆的营养并降低纤维素含量，最终提高其利用效率（张杰平 等，2020）。

1.4　向日葵青贮制作

向日葵秸秆营养丰富，尽管存在纤维素含量较高等缺点，但经过适当的加工调制后，向日葵秸秆可以作为反刍动物饲料，并替代部分玉米青贮，达到节本增效的目的。研究表明，通过微生物发酵的方式可以提高其营养价值和适口性（苏嘉琪 等，2022），其原理是青贮发酵过程中微生物的活动利用可溶性碳水化合物，分解部分纤维素。青贮是一种常见的秸秆保存方法，可以延长秸秆的储存时间，为反刍动物全年提供饲料。向日葵青贮的饲用价值可达玉米青贮饲料的80%。研究表明，玉米青贮通常含有8%～9%的粗蛋白，而向日葵青贮含有10%～12%的粗蛋白（Thomas et al.，1982）。青贮加工方式是向日葵秸秆贮藏利用的重要手段。

1.4.1 收获时期

向日葵青贮的质量与收获时期密切相关，一般制作青贮饲料的向日葵在开花期、乳熟期或腊熟期收获。Toruk 等（2010）认为，青贮中干物质含量随着成熟度的增加而增加。向日葵全株青贮中中性洗涤纤维、酸性洗涤纤维、纤维素、乙酸（Acetic acid，AA）和可溶性碳水化合物的浓度随着成熟度从开花初期到1/3乳线期的增加而增加，而粗蛋白含量在开花后逐渐降低。开花初期的向日葵青贮品质优良，1/3乳线期的青贮饲料品质较差。有学者建议在腊熟期收获向日葵制作青贮饲料，在腊熟期向日葵青贮的干物质、有机物和粗脂肪含量高于开花期和乳熟期，且酸性洗涤纤维和中性洗涤纤维含量较低。但随着收割时间的推迟，向日葵青贮中的乳酸和乙酸浓度有所下降（Demirel et al.，2006）。Rezende 等（2007）认为向日葵青贮中的发酵品质和营养成分差异与品种和刈割时期有关，分别在向日葵种植95 d 和110 d 进行收获并制作青贮，结果显示在110 d 收获的向日葵青贮 pH 显著高于第95 d 收割的向日葵青贮。Pereira 等（2007）认为制作向日葵青贮的合适阶段是在85～110 d，该阶段向日葵的干物质含量在 28%～30%，此时特征为向日葵下部叶片干燥，葵盘的后部区域呈黄色，苞片变黄并带有棕色印记。

1.4.2 加工方式

1.4.2.1 氨化

氨化（Ammonation）可以用于提高以谷物秸秆为主的劣质粗饲料的营养价值。在厌氧条件下，尿素水溶液释放氨，解离出的氢氧根离子通过破坏木质素 – 碳水化合物的酯键使木质素和纤维素分离，未解离的氨能够影响纤维素结晶度（Goto et al., 1996）。以上两种途径均可以降低纤维素含量，从而提高反刍家畜的消化率。氨化不仅可以破坏秸秆中的木质纤维结构，同时可以中和其潜在的有机酸，从而降低酸度、提高微生物活性；同时由氨所形成的铵盐会被微生物利用形成菌体蛋白（王超等，2022）；此外，纤维素部分被水解膨胀后有利于反刍动物瘤胃液的渗入，有利于提高家畜的消化率。因而氨化常用以提高劣质饲料尤其是谷物秸秆的营养价值。常用的氨源有液氨（无水氨）、尿素、碳酸氢铵和氨水等。与 Na（OH）$_2$ 相比，氨水等腐蚀性更低，且不易形成有害化合物（Mehdikhani et al., 2019）。

Gholami-Yangije 等（2019）认为氨化后向日葵秸秆粗蛋白含量会提高，但体外干物质消化率和中性洗涤纤维并无变化。史明等（2015）认为油葵秸秆进行氨化处理后粗蛋白显著提高，同时中性洗涤纤维、酸性洗涤纤维、酸性洗涤木质素（Acid detergent Lignin，ADL）以及半纤维素显著降低。尽管氨化有许多优势，但是其成本较高且氨水具有一定腐蚀性。尿素较为温和，但是也需要在脲酶和高水分的条件下才能发挥作用（Adesogan et al., 2019）。虽然氨处理提高了秸秆饲料的营养价值，但饲喂过量氨化饲料可能会导致反刍动物产生急性毒性，因为氨化饲料可能会对中枢神经系统产生有害影响，导致疯牛综合征或牛骨质疏松（Müller et al.，1998）。此外，由于碱的亲水性，含水量超过 30% 的牧草的氨化可能会减少摄入，从而导致刺鼻气味的氨气滞留。因而该方式并未得到广泛的应用。

1.4.2.2 添加剂

刘月琴等（2011）认为，油葵秸秆含糖量低，因而需添加糖或含糖物质以保证青贮成功，试验结果表明，添加 0.5% 蔗糖、1.5% 糖渣或 1.7% 糠醛油葵秸秆发酵效果较好，而添加玉米粉发酵效果较差。而刘敏等（2015）认为，添加乳酸菌（Lactic acid bacteria，LAB）发酵剂以及玉米面均可以使向日葵秸秆青贮达到长期保存的效果。田亚红等（2013）将啤酒酵母、枯草芽孢杆菌、绿色木霉接按照 2∶2∶1 制成混合菌种，接种在向日葵秸秆和向日葵盘后发酵 48 h，结果显示：粗蛋白含量增加了 92.62%，粗纤维减少了 15.43%。李肖等（2022）采用响应曲面优化法比较向日葵青贮在不同比例下乳酸菌、尿素、纤维素酶和糖蜜的发酵效果，最终确定乳酸菌添加量 9.3×10^5 CFU/g，糖蜜添加量 3.57%，尿素添加量 0.3%，纤维素酶的添加量 0.14% 时发酵效果最好，此时中性洗涤纤维含量降低 34.06%，乳酸含量提高 134.74%。Konca 等（2015）在向日葵青贮中分别添加了乳酸菌、糖蜜以及乳酸菌和纤维素酶的复合物，结果表明，添加糖蜜能够提高青贮中水溶性碳水化合物含量，降低中性洗涤纤维以及酸性洗涤纤维含量；添加乳酸菌和纤维素酶的复合物能够提高乳酸和乙酸浓度。Ozduven 等（2009）研究发现，利用乳酸菌（植物乳杆菌和粪肠球菌组成）与纤维素酶复合物（纤维素酶、淀粉酶、半纤维素素酶和戊聚糖酶）能够降低其pH、氨态氮含量并提高乳酸含量；此外，对于微生物组成以及霉菌减少也有积极的促进作用。Gandra 等（2017）研究结果表明，添加布氏乳杆菌对向日葵青贮中的干物质含量、有氧稳定性和营养物质的体外消化率均有积极影响，同时霉菌和酵母菌的数量也有所减少。但在同时添加布氏乳杆菌以及枯草芽孢杆菌时并未表现出协同作用。Koç 等（2009）在向日葵青贮中添加含有植物乳杆菌和屎肠球菌的复合菌剂，发现从青贮第 4 d 开始，接种乳酸菌的试验组乳酸水平较高，但乙酸水平较低。在随后的第 14 d、21 d、28 d 和 56 d 表现出相同的趋势。接种剂增加了 LAB，减少了青贮饲料中的酵母和霉菌数量，同时降低了青贮中纤维含量；但并未改变其有氧稳定。Rodrigues 等（2001）在向日葵青贮中添加先锋 1174（含粪便链球菌和植物乳杆菌），在经历 125 d 后，与对照相比，该接种剂降低了 pH、氨和乙酸浓度。并认为干物质、粗蛋白、酸性洗涤不溶氮、中性洗涤纤维、酸性洗涤纤维和木质素含量、干物质的体外消化率、干物质损失、有氧稳定性、丙酸、丁酸和乳酸含量不受处理的影响。

除以上常用添加剂外，如大豆壳、葵花籽碎和尿素也对向日葵青贮品质有积极促进作用。研究表明，添加大豆壳可以减少青贮中干物质损失率，并增加其碳水化合物含量；添加尿素能够增加蛋白质含量，减少酵母菌和霉菌，同时促进细胞壁尤其是半纤维素的分解（Goes et al.，2012）。

1.4.2.3　混贮

于杰等（2013）将全株玉米和向日葵秸秆进行混贮，发现向日葵秸秆和全株玉米以 4∶6，5∶5 和 6∶4 的比例混合时青贮饲料品质较佳。马宇莎等（2022）分析比较了向日葵混贮的动态变化过程，发现全株玉米与向日葵秸秆混贮后 pH 在发酵前 7 d 即降至 4.4 以下，同时粗蛋白损失较低，具有较好的发酵品质。Mafakher 等（2010）同样利用向日葵秸秆与玉米进行混合青贮，结果表明，随着玉米比例的增加，粗蛋白、粗灰分和 pH 呈下降趋势，并在向日葵与玉米比例为 5∶5 时混贮效果最好。Tan 等（2015）通过添加不同比例苜蓿和玉米以改善向日葵青贮的品质，结果表明，添加苜蓿的混合青贮中性洗涤纤维、酸性洗涤纤维和蛋白质优于添加玉米的混合青贮，但添加玉米后混贮的干物质水平较高，且 pH 较低。刘敏等（2015）研究认为，利用向日葵秸秆与玉米秸秆混贮，效果优于添加乳酸菌添加剂或添加玉米面，其原因或许是由于两种粗饲料混合青贮产生了组合效应。Demiirel 等（2006）利用高粱和向日葵混合制作青贮，与高粱青贮饲料相比，尽管干物质、有机物和中性洗涤纤维的含量较低，但向日葵中粗蛋白和粗脂肪的含量高于高粱青贮。随着向日葵百分比的增加，混贮中干物质、粗蛋白和粗脂肪含量逐渐增加，但酸性洗涤纤维和中性洗涤纤维含量逐渐降低。结果表明，高粱和向日葵按 50% 的比例混合可获得质量较好的青贮饲料。

1.5 向日葵青贮在动物生产中的应用及前景

Ozduven 等（2009）研究表明利用乳酸菌＋酶不仅能够降低向日葵青贮中中性洗涤纤维含量，而且能够提高青贮饲料在羔羊体内有机物和酸性洗涤剂纤维消化率。Sainz–RamÍRez 等（2021）

研究表明在荷斯坦奶牛日粮中加入向日葵青贮能够提高其乳脂校正乳和乳脂，同时并不影响收入与饲喂成本的比率。Leite 等（2006）利用瘤胃瘘管牛同样证明了向日葵青贮可以替代玉米青贮作为荷斯坦奶牛的日粮。Possenti 等（2005）发现，青贮能够提高向日葵的粗蛋白含量、降低中性洗涤纤维含量；在奶山羊饲粮中分别添加15%、30% 和 45% 的向日葵青贮后发现，向日葵青贮的添加量为30% 时不会对产奶量和奶成分造成负面影响。Sousa 等（2008）对绵羊羔羊饲喂向日葵青贮后发现，与饲喂玉米青贮相比，饲喂向日葵青贮的羔羊在增重或饲料转化率方面均无显著差异。除向日葵青贮喂养的羔羊脂肪覆盖量较大外，二者未发现胴体性状的差异。因而向日葵青贮可以用作绵羊饲料中粗饲料的替代来源。而Bueno 等（2004）发现，利用向日葵青贮饲喂羔羊时，羔羊的干物质摄入量、日增重和饲料增重比都有所降低。其原因在于向日葵青贮营养价值低，因而在饲喂羔羊时需要在日粮中补充更多精料。Amini-Jabalkandi 等（2007）在育肥水牛饲粮中分别用向日葵青贮替代 0%（对照）、25%、50%、75% 和 100% 的苜蓿干草，结果表明当向日葵青贮添加量为 50% 时不会对水牛的育肥产生负面影响。

向日葵是我国重要的油用经济作物，其秸秆来源广泛但并未得到有效利用。向日葵的茎、叶不仅含有丰富的营养物质，同时具有一定的药用价值，能够起到抑菌、抗氧化等作用。大量文献表明，将向日葵调制成青贮饲料是一种行之有效的方式。为保证青贮的营养品质与发酵成功，常见的措施有利用高粱、玉米或苜蓿等与其进行混贮，以及使用尿素、乳酸菌和纤维素酶等添加剂。在动物生产中，以向日葵为原料的青贮饲料已被证明无不良影响。在一些不适宜青贮玉米生长的国家和地区，向日葵青贮已成为玉米青贮的替代物。然而由于其纤维素含量高等因素的制约，在我国尚未得到应有的重视。总而言之，向日葵在青贮饲料生产领域具有广阔的开发与利用空间，但其加工利用方式仍需进一步研究。

第 2 章

不同比例苜蓿与向日葵
秸秆混贮效果研究

研究表明，向日葵具有较高的能值和粗蛋白含量，具有良好的饲用潜力（Neumann et al., 2013; Tomich et al., 2003）。向日葵青贮中的乙醚提取物、矿物质和粗蛋白含量较高。然而向日葵青贮中的酸性洗涤纤维和木质素含量较高，并无法完全代替普通日粮饲料（Pereira et al., 2007）。苜蓿（英文名 Alfalfa，拉丁名 *Medicago sativa* L.）具有营养价值高、适口性好并且易于消化等特点，是家畜重要的优质饲草，但其原料中附着乳酸菌少且发酵底物不足，导致苜蓿直接青贮难以成功。当前利用苜蓿与农业废弃资源进行混合青贮生产出优质饲料已有大量研究，因而采用向日葵秸秆与紫花苜蓿进行混合青贮或许是一种可行的方案（Chen et al., 2023; Wang et al., 2021b）。

由于不同原料间缓冲能值、所携带微生物以及发酵底物含量不同，因而会造成微生物群落演替及相互作用不同。而青贮饲料中微生物的作用会显著影响其发酵品质与营养价值，因此有必要明确混合青贮发酵过程中微生物群落演替过程。同时，由于受到不同原料以及不同微生物多样性的影响，各混贮中代谢产物也不尽相同。代谢产物不仅影响风味和发酵质量，而且影响动物的适口性和饲喂效果（Du et al., 2022）。然而，迄今为止，关于向日葵秸秆青贮的研究仅限于其发酵品质与营养价值，尚不清楚其发酵过程中微生物群落演替、微生物相互作用及其代谢物变化情况。鉴于此，有必要研究向日葵秸秆与苜蓿混合青贮的效果，特别是单独青贮和混合青贮之间微生物组成与代谢组学的差异。

本研究拟采用不同比例苜蓿与向日葵秸秆混合发酵，并通过评定不同比例苜蓿与向日葵秸秆混合青贮的营养品质、发酵品质、微生物多样性以及代谢组学，初步明确混贮的较优比例，以期望在不影响动物生产性能的情况下有效利用向日葵秸秆，为向日葵秸秆在青贮方面的应用提供技术支持。同时通过微生物组成以及代谢组学的深入研究，更好地揭示苜蓿和向日葵混合青贮饲料的互作机制。

2.1 材料与方法

2.1.1 青贮准备

向日葵和苜蓿种植于内蒙古呼和浩特市土默特左旗，国家现代农业示范园。地理坐标为东经 111.39°，北纬 40.74°，年平均气温 6.3 ℃，年平均降水量 400 mm。在 2022 年 10 月 2 日，刈割第四茬初花期紫花苜蓿和收获葵盘后的向日葵秸秆。使用 CLAAS 自走式青贮收获机（JAGUAR 880，德国）收获并将两种原材料粉碎至 2.5～3.5 cm，自然晾晒 24 h（含水量降至 55%～65%）。将紫花苜蓿与向日葵秸秆以鲜重质量比 0∶10、2∶8、4∶6、5∶5、6∶4、8∶2 混合青贮，分别记作 A0S10、A2S8、A4S6、A5S5、A6S4、A8S2。充分混合后均匀喷洒 0.005 g/kg 壮乐美青贮发酵剂（四川，高福记生物科技有限公司）（*Lactobacillus plantarum* ≥ 1.3×10^{10} CFU/g，*Lactobacillus brucei* ≥ 7×10^{9} CFU/g）。取 500 g 左右原料装入聚乙烯袋（250 mm×350 mm）中，使用真空机（Solis Vac Prestige 575，英国）抽真空并密封，随后进行室内常温青贮（25～28 ℃）。

2.1.2 发酵品质测定

青贮样品开封后，取 20 g 置于烧杯，加入 180 mL 去离子水，使用封口膜密封。放置于 4 ℃冰箱 24 h 后取出，然后用四层纱布和定性滤纸过滤得到浸提液。使用便携式 pH 计（Laqua Twin，美国）测定所得提取物的 pH。氨态氮（Ammoniacal nitrogen，NH_3–N）、乳酸（Lactic acid，LA）、乙酸、丙酸（Propionic acid，PA）和丁酸（Butyric acid，BA）参照 DB15/T 1458—2018 进行测定。

2.1.3 微生物数量测定

微生物数量采用稀释涂布平板法测定，取 10 g 青贮样品，加入 90 mL 无菌水，在温摇床里摇晃 2 h 以获得均匀的菌液，用无菌水将菌液稀释成 $10^{-5}\sim 10^{-1}$ 的浓度，取 100 μL 适宜释浓度的菌液放入固体平板中涂布均匀，乳酸菌使用德曼 – 罗戈萨 – 夏普固体培养基（de Man，Rogosa and Sharpe medium，MRS），37 ℃恒温培养箱中厌氧培养 48 h 后计数；酵母菌（Yeast）和霉菌（Mould）使用马铃薯琼脂固体培养基（Potato agar medium，PDA），30 ℃恒温培养箱中有氧培养 72 h 后计数，最后以 $\log_{10}$（cfu/g）表示计数单位。

2.1.4 营养成分测定

将剩余青贮在 65 ℃下烘干至恒重，测定干物质含量，随后将样品研磨并通过 1 mm 网筛进行化学成分分析。粗蛋白采用凯式定氮法；可溶性碳水化合物采用蒽酮－硫酸比色法；中性洗涤纤维和酸性洗涤纤维含量采用范式洗涤纤维方法进行检测；粗脂肪采用索氏提取法测定，粗灰分含量：将样品置于坩埚中，在 KSW–4D–11–5

马弗炉 550 ℃下灰化 3 h 后测定。

2.1.5 微生物多样性分析

将青贮饲料样品取出 10 g，置于无菌无酶的离心管中，–80 ℃保存。委托上海美吉生物医药科技有限公司进行细菌测序。细菌 16S rDNA 的 V3 ～ V4 区所用引物序列为：799F_1193R（5′-AACMGGATTAGATACCCKG–3′）（5′-ACGTCATCCCCACCTTCC–3′）。

2.1.6 代谢组学分析

将青贮饲料样品取出 10 g，置于无菌无酶的离心管中，–80 ℃保存。委托 Metware 生物科技有限公司（中国，嘉兴）进行广谱代谢组学测定。预测（VIP）≥ 1.0 和绝对倍数变化（FC）≥ 5.0 的可变重要性作为差异代谢物选择的标准。

2.1.7 数据分析

使用 SPSS 20.0（IBM Co.，Armonk，NY，USA）分析添加剂对青贮饲料质量的影响及微生物多样性指数。青贮性能数据（DM、WSC、CP、NDF、ADF、pH、LA、AA、BA 和 NH_3–N 参数）表示为三次测量的平均值 ± 标准误差。采用模糊数学的隶属函数值法对不同比例苜蓿与向日葵秸秆混贮进行综合评价，隶属函数值的计算方法如下。

如果指标与青贮品质为正相关，计算方法：

$$Z_{ij} = \frac{X_{ij} - X_{imin}}{X_{imax} - X_{imin}}$$

如果指标与青贮品质为负相关，计算方法：

$$Z_{ij} = 1 - \frac{X_{ij} - X_{i\min}}{X_{i\max} - X_{i\min}}$$

式中：X_{ij} 表示第 i 种类 j 指标的隶属函数值；X 表示某一指标某一处理重复的平均值；$X_{i\max}$ 和 $X_{i\min}$ 分别表示某一指标中不同比例混贮中所有重复中的最大值和最小值。最后求出同一处理中各指标的隶属函数值累加后的平均值，并进行排序。

2.2 结果

2.2.1 原料化学成分与微生物组成

由表 2-1 可知，向日葵秸秆与苜蓿的干物质、粗蛋白、粗脂肪、中性洗涤纤维、酸性洗涤纤维、可溶性碳水化合物和粗灰分含量分别为 53.95% 和 56.30%、10.50% 和 20.00%、3.43% 和 2.77%、44.78% 和 35.61%、38.90% 和 28.70%、4.50% 和 5.80%、10.14% 和 10.68%。苜蓿粗蛋白含量几乎是向日葵秸秆的两倍，中性洗涤纤维和酸性洗涤纤维均低于向日葵秸秆。但是向日葵秸秆的粗脂肪含量较高。同时可以看出，向日葵秸秆携带乳酸菌数量多于苜蓿，肠杆菌（Coliform bacteria）和酵母菌数量较少。由图 2-1（A）可知，苜蓿含有操作分类单元（Operationaltax onomic unit，OTU）数为 142 个，向日葵秸秆含有 OTU 数为 190 个，其中共有 OTU 数为 126 个。由图 2-1（B）可知，两种不同原料分离程度较大，表明二者微生物多样性差异较大。由图 2-1（C）可知，向日葵秸秆主要优势菌群为泛菌属（*Pantoea*），占比 70.19%，其次为魏斯氏菌属（*Weissella*），占比 16.59%，乳酸杆菌属

（*Lactobacillus*）仅占比 0.11%。而苜蓿主要优势菌群为魏斯氏菌属（*Weissella*），占比 49.96%，其次为泛菌属（*Pantoea*）和假单胞杆菌属（*Pseudomonas*），分别占比 23.10% 和 16.67%，乳酸杆菌属（*Lactobacillus*）仅占比 2.09%（图 2-1D）。

表 2-1　原料化学成分与微生物数量

	向日葵秸秆	苜蓿
干物质（FM%）	53.95	56.30
粗蛋白（DM%）	10.50	20.00
粗脂肪（DM%）	3.43	2.77
中性洗涤纤维（DM%）	44.78	35.61
酸性洗涤纤维（DM%）	38.90	28.70
可溶性碳水化合物（DM%）	4.50	5.80
粗灰分（DM%）	10.14	10.68
乳酸菌（$\log_{10}$cfu/g FM）	6.40	6.04
大肠杆菌（$\log_{10}$cfu/g FM）	5.82	6.05
酵母菌（$\log_{10}$cfu/g FM）	4.13	4.77

注：DM：Dry matter，干物质；FM：Fresh matter，鲜物质。下同。

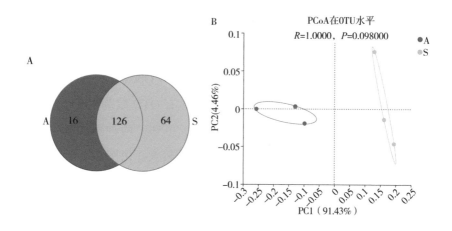

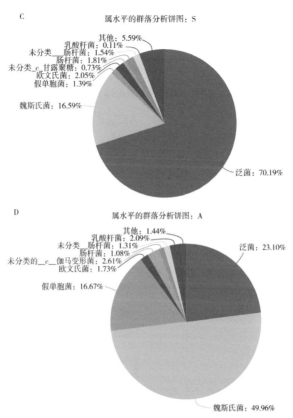

图 2–1　（A）微生物多样性的韦恩图（Venn）；（B）苜蓿和向日葵秸秆细菌群落主坐标分析（Principal coordinates analysis，PCoA）；（C）向日葵秸秆属水平微生物群落组成；（D）苜蓿属水平的微生物群落组成。A，紫花苜蓿；S，向日葵秸秆

2.2.2　不同比例苜蓿与向日葵秸秆混贮对发酵品质的影响

如图 2-2 所示，从本试验中可知向日葵秸秆与苜蓿的不同比例与发酵天数对 pH、乳酸和乙酸含量均有显著影响（$P < 0.05$）。从整体上看，各处理组 pH 在发酵前期迅速下降，随后趋于平缓，在发酵后期略有提高。苜蓿比例较小的处理组（A0S10、A2S8、A4S6） pH 下降较为迅速，其中 A0S10 在发酵第 5 d 的 pH 已达到 4.67。而苜蓿比例较高的处理组（A6S4、A8S2）pH 下降速度较为缓慢。在发酵 60 d 时，A2S8 乳酸含量最高，A8S2 含量最低；氨态氮含量 A0S10 最高，其次为 A8S2 和 A6S4，A2S8 和 A4S6 最低。在整个发酵过程中，A5S5、A6S4、A8S2 产生乙酸量逐渐增加，而

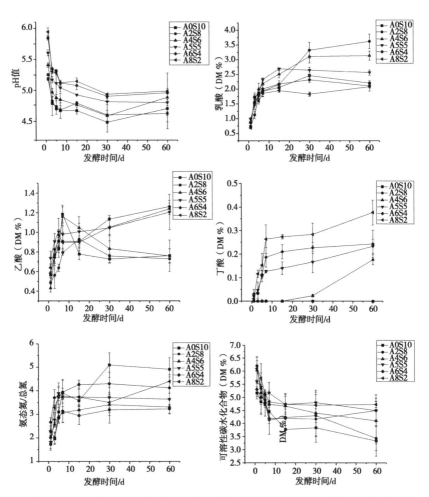

图 2-2　pH、乳酸、乙酸、丁酸、氨态氮和可溶性碳水化合物的动态变化过程

A0S10、A2S8、A4S6 在发酵后期乙酸含量下降。丁酸在发酵前期产生较快，后期产生速度较慢，A0S10 和 A2S8 两组在整个发酵期间均无丁酸产生，A5S5 直至发酵第 30 d 才产生丁酸。可溶性碳水化合物随着发酵进行而逐渐下降。

2.2.3　不同比例苜蓿与向日葵秸秆混贮对营养成分的影响

由表 2-2 可知，在青贮发酵过程中，各处理中干物质含量几乎没有变化；各处理随着苜蓿比例的提高，粗蛋白含量逐渐提高，其中 A2S8、A4S6 在发酵过程中粗蛋白含量逐渐提高；A8S2 粗蛋白含量逐渐降低。并且随着苜蓿比例的增加，各处理组中性洗涤纤维含量逐渐下降；在发酵过程中，A5S5 中性洗涤纤维含量逐渐下降，而其余各组中性洗涤纤维含量基本保持不变或略有提高。随着发酵时间的延长，各处理组中酸性洗涤纤维含量均有不同程度的下降，其中 A0S10 和 A5S5 组下降幅度最为明显。且随着苜蓿比例的增加，粗脂肪含量提高的幅度逐渐增加。

2.2.4　不同比例苜蓿与向日葵秸秆混贮对微生物多样性的影响

2.2.4.1　稀释曲线分析

由图 2-3 可见，稀度曲线趋于平缓，表明测序深度能够满足不同比例向日葵秸秆与苜蓿混合青贮饲料中细菌群落影响的分析需求。

表 2-2 混合比例和青贮时间对混贮饲料营养品质的影响

品质指标		1 d	3 d	5 d	7 d	15 d	30 d	60 d	P	SEM	D	T	D×T
干物质 （FM%）	A0S10	32.83± 0.42^fA	33.08± 1.12^dA	33.73± 0.52^dA	33.26± 1.00^dA	33.32± 0.20^dA	33.62± 0.36^cA	33.25± 1.11^dA	0.65	0.16	0.00	<0.0001	0.63
	A2S8	34.30± 0.91^eAB	33.37± 0.70^dB	34.40± 0.37^cdAB	34.18± 0.36^cdAB	33.62± 0.63^dAB	34.56± 0.21^cA	33.69± 0.55^dAB	0.16	0.14			
	A4S6	39.38± 0.27^aA	37.70± 0.65^aA	38.55± 0.85^aA	38.55± 2.22^aA	38.13± 0.47^aA	38.30± 1.22^aA	37.56± 1.01^aA	0.54	0.24			
	A5S5	35.36± 0.76^dA	36.31± 2.19^aA	35.02± 0.70^cA	35.60± 0.65^bcA	35.04± 0.85^cA	35.79± 0.23^bA	34.99± 0.38^cA	0.65	0.21			
	A6S4	36.65± 0.53^cAB	36.69± 0.26^aAB	36.54± 0.62^bB	36.79± 0.51^abAB	36.66± 0.88^bAB	37.62± 0.25^aA	36.07± 0.24^bcB	0.09	0.13			
	A8S2	38.23± 0.35^bA	37.63± 0.30^aAB	37.41± 0.48^bBC	36.92± 0.29^abABC	36.85± 0.16^bBC	38.27± 0.71^aA	36.75± 0.40^abC	0.001	0.15			
	P	<0.0001	<0.0001	<0.0001	0.001	<0.0001	<0.0001	<0.0001					
	SEM	0.56	0.51	0.43	0.48	0.44	0.44	0.40					
粗蛋白 （DM%）	A0S10	13.33± 0.12^fA	12.60± 1.60^dA	12.50± 0.87^fA	12.77± 1.01^eA	11.63± 0.42^eA	12.77± 0.12^fA	12.77± 1.10^dA	0.49	0.20	0.00	<0.0001	0.61
	A2S8	13.90± 0.20^eB	14.27± 0.12^cAB	14.10± 0.10^eAB	14.07± 0.25^eAB	14.37± 0.15^cAB	14.63± 0.68^eAB	14.60± 0.17^cA	0.08	0.08			

续表

品质指标		1 d	3 d	5 d	7 d	15 d	30 d	60 d	P	SEM	D	T	D×T
粗蛋白（DM%）	A4S6	16.00±0.10^dAB	15.47±0.21^cB	16.07±0.29^dAB	16.20±0.30^cAB	15.83±0.31^cAB	16.10±0.62^dAB	16.67±1.33^bA	0.40	0.13			
	A5S5	17.47±0.42^cA	17.03±0.47^bAB	17.10±0.36^cAB	17.63±0.61^bA	16.57±0.15^cB	17.37±0.35^cA	17.60±0.17^bA	0.05	0.11			
	A6S4	19.53±0.23^bA	18.63±0.40^aAB	18.77±0.38^bAB	19.13±0.49^aAB	18.47±1.10^bB	18.57±0.35^bAB	19.33±0.25^aAB	0.17	0.13			
	A8S2	20.30±0.00^aA	19.73±0.42^aA	20.00±0.53^aA	19.93±0.21^aA	20.07±0.40^aA	20.10±0.30^aA	19.97±0.25^aA	0.60	0.07			
	P	<0.0001	<0.0001	<0.0001	<0.0001	<0.0001	<0.0001	<0.0001					
	SEM	0.64	0.61	0.63	0.63	0.67	0.60	0.63					
中性洗涤纤维（DM%）	A0S10	44.70±1.02^aA	44.47±3.87^aA	44.82±2.51^aA	43.6±1.76^aA	45.31±0.85^aA	44.40±0.53^aA	46.71±3.77^aA	0.81	0.48	0.46	<0.0001	0.20
	A2S8	42.67±0.73^bA	41.59±0.61^abB	43.28±1.13^abAB	42.77±0.37^aAB	41.66±0.81^bB	43.90±1.90^aA	41.77±1.03^bcB	0.11	0.26			
	A4S6	41.81±0.47^bcAB	41.98±0.46^abAB	41.15±0.95^bcdAB	40.26±0.42^bB	41.58±0.64^bAB	41.19±1.66^bAB	42.58±1.70^bA	0.25	0.24			
	A5S5	40.10±0.35^cA	39.70±0.28^bA	39.67±0.54^dA	40.24±1.03^bA	40.03±0.49^cdA	39.22±0.49^bcAB	38.46±0.51^cB	0.02	0.17			

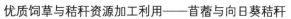

续表

品质指标		1 d	3 d	5 d	7 d	15 d	30 d	60 d	P	SEM	D	T	D×T
中性洗涤纤维（DM%）	A6S4	40.97± 0.44^{cdBC}	41.81± 0.56^{abAB}	42.42± 0.46^{abcA}	40.53± 0.10^{bC}	41.26± 1.28^{bcBC}	41.10± 0.30^{bBC}	40.62± 0.35^{bcC}	0.00	0.18			
	A8S2	39.88± 0.17^{dABC}	40.35± 0.69^{bAB}	40.62± 1.44^{cdA}	39.09± 0.63^{bBC}	38.69± 0.57^{dC}	38.77± 0.94^{cC}	38.89± 0.49^{cBC}	0.04	0.22			
	P	<0.0001	0.056	0.006	<0.0001	<0.0001	<0.0001	0.001			<0.0001	<0.0001	0.00
	SEM	0.42	0.49	0.50	0.42	0.52	0.57	0.75					
酸性洗涤纤维（DM%）	A0S10	39.73± 0.45^{aA}	37.93± 1.95^{aAB}	37.43± 0.29^{aAB}	36.67± 0.59^{aB}	36.20± 1.59^{abB}	35.67± 0.40^{abB}	35.73± 1.99^{abcB}	0.02	0.38	<0.0001		
	A2S8	37.77± 0.93^{bA}	36.63± 0.84^{abAB}	36.53± 1.64^{abAB}	35.70± 1.31^{aAB}	34.57± 0.50^{bcB}	36.13± 1.56^{abAB}	36.60± 1.71^{abAB}	0.18	0.31		<0.0001	0.00
	A4S6	36.83± 0.55^{bA}	36.13± 1.55^{abA}	36.60± 0.36^{aA}	36.83± 0.67^{aA}	35.77± 0.40^{abcA}	36.60± 1.49^{aA}	37.00± 0.53^{aA}	0.67	0.19			
	A5S5	39.17± 0.21^{aA}	37.80± 0.78^{aAB}	36.40± 1.44^{abABC}	36.13± 0.40^{aABC}	37.30± 1.51^{aABC}	35.50± 1.71^{abC}	33.20± 0.69^{dD}	0.00	0.44			
	A6S4	35.53± 0.96^{cB}	37.43± 0.81^{aA}	35.97± 0.86^{abB}	35.70± 0.70^{aB}	35.03± 0.91^{bcB}	35.20± 0.44^{abB}	34.67± 0.40^{bcdB}	0.01	0.23			
	A8S2	34.37± 0.61^{cA}	34.70± 0.30^{bA}	34.50± 0.87^{bA}	33.63± 0.23^{bA}	33.87± 0.90^{cA}	34.17± 0.74^{bA}	33.67± 0.23^{cdA}	0.29	0.14			

续表

品质指标		1 d	3 d	5 d	7 d	15 d	30 d	60 d	P	SEM	D	T	D×T
酸性洗涤纤维（DM%）	P	<0.0001	0.042	0.08	0.00	0.02	0.27	0.00					
	SEM	0.48	0.36	0.30	0.29	0.34	0.30	0.41					
粗脂肪（DM%）	A0S10	2.67± 0.35^{bcA}	2.00± 0.85^{cA}	2.07± 0.21^{bA}	2.07± 0.25^{cA}	1.87± 0.64^{fA}	2.20± 0.26^{eA}	1.80± 0.61^{cA}	0.49	0.11	<0.0001	<0.0001	<0.0001
	A2S8	2.17± 0.25^{dB}	2.00± 0.70^{cB}	2.40± 0.10^{bAB}	2.27± 0.12^{cAB}	2.17± 0.31^{dB}	2.56± 0.32^{deAB}	2.83± 0.06^{bA}	0.11	0.08			
	A4S6	2.40± 0.20^{cdA}	2.43± 0.32^{bcA}	2.43± 0.25^{bA}	2.33± 0.38^{cA}	2.40± 0.36^{cdA}	3.03± 0.35^{cdA}	2.87± 0.75^{bA}	0.30	0.09			
	A5S5	3.17± 0.31^{bABC}	3.53± 0.12^{aB}	2.50± 0.52^{bD}	3.07± 0.15^{bBBCD}	2.80± 0.26^{bcCD}	3.40± 0.53^{bcBC}	4.20± 0.30^{aA}	0.00	0.13			
	A6S4	3.07± 0.21^{abB}	3.10± 0.20^{abB}	3.10± 0.30^{aB}	3.77± 0.25^{aA}	3.57± 0.51^{abAB}	3.80± 0.10^{bA}	4.17± 0.45^{aA}	0.00	0.11			
	A8S2	2.90± 0.10^{abD}	3.13± 0.51^{abD}	3.37± 0.38^{aCD}	3.80± 0.00^{aBC}	4.07± 0.59^{aAB}	4.60± 0.30^{aA}	4.23± 0.15^{aAB}	0.00	0.14			
	P	0.00	0.01	0.00	<0.0001	0.00	<0.0001	<0.0001					
	SEM	0.10	0.18	0.13	0.18	0.21	0.20	0.24					

注：表中同列不同小写字母表示同一发酵时间各处理间差异显著（$P<0.05$）；表中不同大写字母表示同一处理不同时间差异显著（$P<0.05$）。

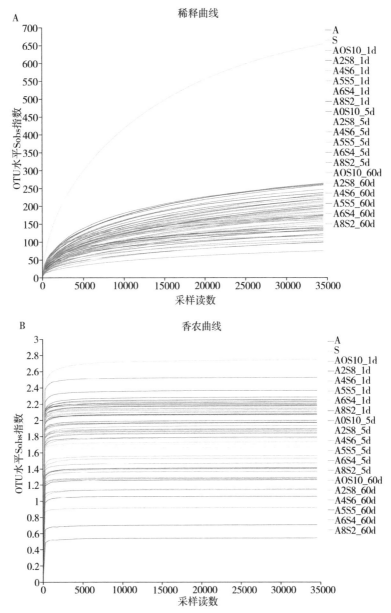

图2-3 混合青贮微生物群落的稀释曲线（A）和香农曲线（B）

2.2.4.2 菌群 β 多样性分析

由图 2–4（A）可知，在发酵第 1 d，大致可以分为 3 个集群，A5S5、A6S4、A8S2 一个集群；A2S8、A4S6 一个集群；A0S10 一个集群，在随后的发酵过程中，由图 2–4（B）可知，以上两类距离缩小，至发酵 60 d（图 2–4C）各处理组均聚类到一起，说明在发酵过程中各处理组开始阶段细菌群落差异较大，随后差异逐渐缩小。

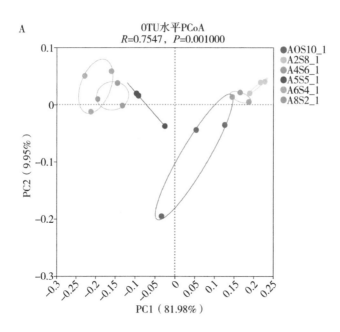

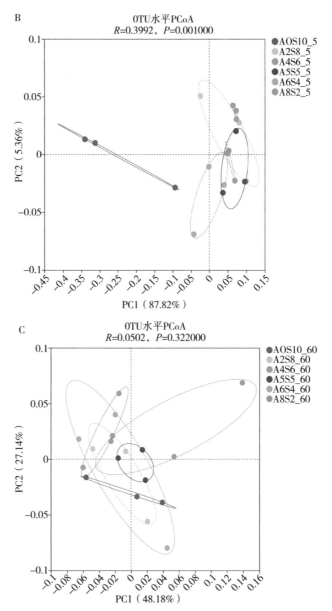

图 2-4 （**A**）：不同处理发酵第 **1 d** 细菌群落 **PCoA** 主坐标分析图；

（**B**）：不同处理发酵第 **5 d** 细菌群落 **PCoA** 主坐标分析图；

（**C**）：不同处理发酵第 **60 d** 细菌群落 **PCoA** 主坐标分析图

2.2.4.3 菌群组成分析

从图 2-5 可以看出，在发酵初期，各处理组乳酸菌微生物数

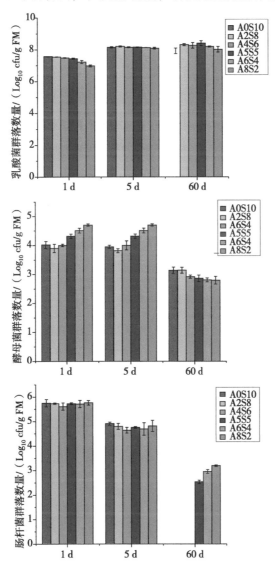

图 2-5　第 1 d、5 d 和 60 d 混合青贮中乳酸菌、肠杆菌和酵母菌的群落数量

量显著提高（$P < 0.05$），酵母菌数量显著降低（$P < 0.05$）。在发酵 60 d 时，肠杆菌数量随着向日葵秸秆比例的增加而逐渐降低，尤其 A0S10 和 A2S8，肠杆菌数量低于 100 cfu/g，这证明添加向日葵秸秆能够有效降低肠杆菌数量。

基于门水平上不同时间阶段各处理间微生物组成如图 2-6 所示，在发酵第 1 d 时 A0S10、A2S8、A4S6、A5S5、A6S4 和 A8S2 厚壁菌门（Firmicutes）相对丰度分别为 52.83%、92.87%、83.19%、38.61%、14.21% 和 22.87%；变形菌门（Proteobacteria）相对丰度为 47.10%、7.10%、16.30%、61.05%、85.36% 和 77.02%。在发酵第 5 d，各处理组厚壁菌门相对丰度分别为 39.76%、93.38%、97.94%、94.07%、81.02% 和 92.64%；变形菌门相对丰度为 57.88%、6.16%、1.81%、5.03%、17.23% 和 6.28%。在发酵第 60 d，各处理组厚壁菌门相对丰度分别为 89.94%、90.17%、97.98%、91.84%、92.87% 和 84.80%；变形菌门相对丰度为 7.85%、7.93%、1.74%、7.28%、5.71% 和 14.18%。在门水平上，本试验各处理组随着发酵的进行厚壁菌门相对丰度均有所提高。

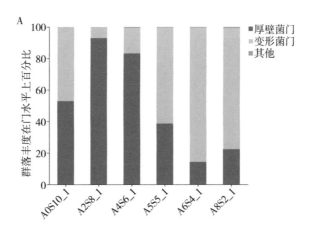

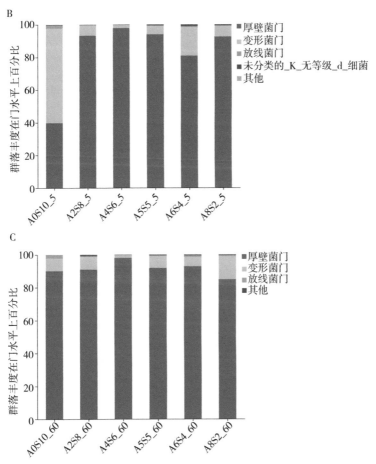

图 2-6　混合青贮饲料中门水平上 1 d(A)、5 d(B)和 60 d(C) 中细菌群落组成

在属水平上不同时间阶段各处理间微生物组成如图 2-7 所示，在发酵第 1 d 混合青贮中优势菌属分别为魏斯氏菌属（*Weissella*）和泛菌属（*Pantoea*），A0S10、A2S8、A4S6、A5S5、A6S4 和 A8S2 魏斯氏菌属相对丰度分别为 51.61%、91.58%、81.74%、36.80%、12.78% 和 20.45%；泛菌属相对丰度分别为 27.83%、4.94%、11.41%、50.88%、69.75% 和 63.96%。发酵第 5 d 混合青贮中优势菌属分

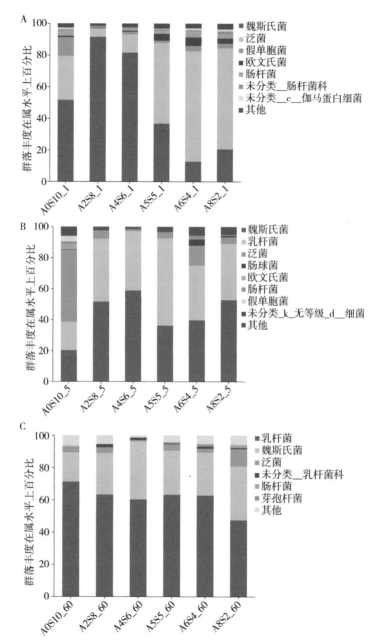

图 2-7　混合青贮饲料中属水平上 1 d（A）、5 d（B）和 60 d（C）中细菌群落组成

别为魏斯氏菌属和泛菌属，各处理组魏斯氏菌属相对丰度分别为
20.30%、51.64%、58.89%、36.38%、39.82% 和 52.76%；乳杆菌属
（*Lactobacillus*）相对丰度分别为 18.11%、40.53%、38.22%、56.08%、
35.23% 和 36.22%。第 60 d 混合青贮中优势菌属分别为乳杆菌属和
魏斯氏菌属，各处理组乳杆菌属相对丰度分别为 71.32%、63.27%、
60.29%、63.22%、62.68% 和 47.46%；魏斯氏菌属相对丰度分别为
17.90%、25.57%、35.89%、27.18%、26.57% 和 33.22%。

2.2.4.4 不同比例苜蓿与向日葵秸秆混贮菌群物种差异分析

如图 2-8 所示，不同处理混贮 1 d、5 d 以及 60 d 进行不同分类
水平上的 LEfSe［Linear discriminant analysis（LDA）Effect Size］显
著差异细菌分析，在青贮初期，各处理差异微生物较多，随着发酵
时间的延长，各处理中差异微生物逐渐减少，至发酵完成，各处理

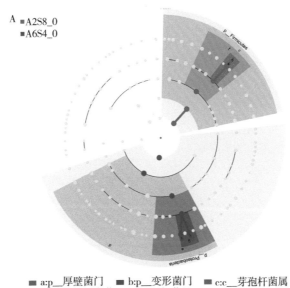

■ a:p＿厚壁菌门　　　■ b:p＿变形菌门　　　■ c:c＿芽孢杆菌属
■ d:c＿伽马蛋白菌　　■ e:o＿肠杆菌目　　　■ f:o＿乳杆菌目
■ g:f＿欧文菌科　　　■ h:f＿明串珠菌科　　■ i:g＿欧文氏菌属
■ j:g＿泛菌属　　　　■ k:g＿魏斯氏菌属

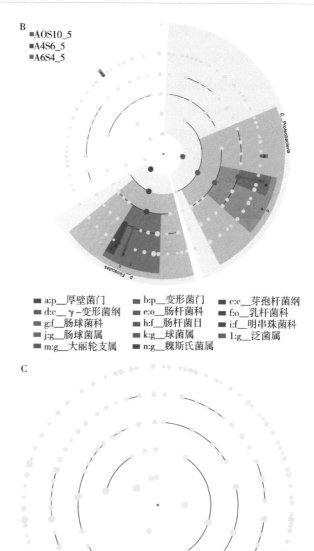

- ■ a:p__厚壁菌门 ■ b:p__变形菌门 ■ c:c__芽孢杆菌纲
- ■ d:c__γ-变形菌纲 ■ e:o__肠杆菌科 ■ f:o__乳杆菌科
- ■ g:f__肠球菌科 ■ h:f__肠杆菌目 ■ i:f__明串珠菌科
- ■ j:g__肠球菌属 ■ k:g__球菌属 ■ l:g__泛菌属
- ■ m:g__大丽轮支属 ■ n:g__魏斯氏菌属

图 2-8　混合青贮 1 d（A），5 d（B）以及 60 d（C）LEfSe 多级物种层级树图

中几乎不存在差异微生物。在发酵第 1 d，A2S8 显著差异细菌为魏斯氏菌（*Weissella*），A6S4 显著差异细菌为泛菌属（*Pantoea*）和欧文氏菌属（*Erwinia*）。在发酵第 5 d，A0S10 显著差异细菌为泛菌属（*Pantoea*）和凯伦藻属（*Klenkia*），A6S4 显著差异细菌为肠球菌属（*Enterococcus*），A4S6 显著差异细菌为魏斯氏菌属（*Weissella*）。

2.2.5 不同比例苜蓿与向日葵秸秆混贮对代谢物的影响

2.2.5.1 不同比例苜蓿与向日葵秸秆混贮代谢物分析

如图 2-9 所示，通过 UPLC–MS/MS 平台，在向日葵和苜蓿原料、向日葵单贮以及向日葵和苜蓿混合青贮中共鉴定出 2313 种物质，其中氨基酸及其衍生物 176 种，酚酸类 292 种，核苷酸及其衍生物 77 种，黄酮 444 种，醌类 34 种，木脂素和香豆素 105 种，鞣质 13 种，生物碱 208 种，萜类 330 种，有机酸 136 种，脂质 197 种，其他 301 种。

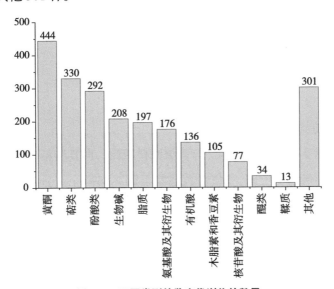

图 2-9 不同类型的鉴定代谢物的数量

2.2.5.2 样本 PCA 分析

如图 2-10 所示，对各组样品检测到的代谢物进行主成分分析（Principal component analysis, PCA），横坐标能解释 32.63% 的数据，纵坐标能解释 28.56% 的数据。每组生物重复之间聚类，不同处理组之间明显分离。

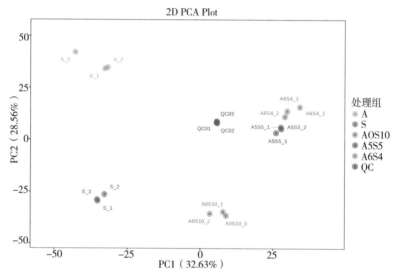

图 2-10　代谢样本的主成分分析（QC：质控样本）

2.2.5.3 差异代谢物分析

如图 2-11（A）所示，与苜蓿原料相比，向日葵秸秆原料中共有 172 种代谢物上调、245 种代谢物下调、1890 个无显著差异代谢物。与 A0S10 组相比，A5S5 组检测到 297 个上调代谢物、23 个下调代谢物、1989 个无显著差异代谢物（图 2-11B）；A6S4 组检测到 319 个上调代谢物、72 个下调代谢物、1920 个无显著差异代谢物（图 2-11C）。

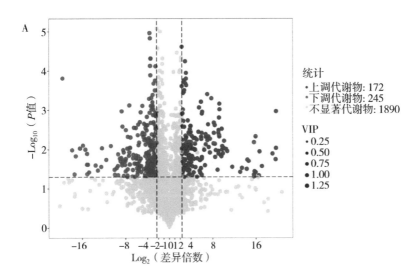

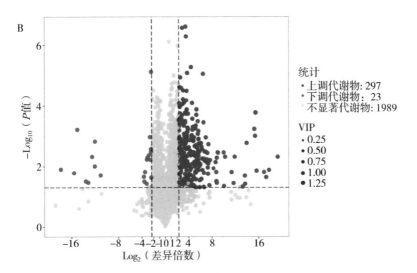

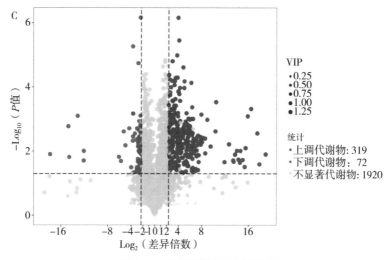

图 2-11 差异代谢物火山图分析

注：（A）A vs S；（B）A0S10 vs A5S5；（C）A0S10 vs A6S4。

　　为了更清楚、直观地展示总体代谢差异情况，对比组中代谢物进行差异倍数（Fold Change，FC）值计算，根据 FC 值从小到大排列，绘制代谢物含量差异动态分布图，对上调和下调前 10 个代谢物进行标注（图 2-12）。向日葵原料与苜蓿原料相比，上调的前 10 个差异代谢物为：7-Hydroxycoumarin、丹参素、5,7- 二羟基 -3',4',5'- 三甲氧基黄酮、表桉叶明、[4-（戊 -4- 烯 -1- 氧基）丁氧基] 甲基硫酸氢酯、3,5-Dicaffeoylquinic acid、Quercetin-7-O-（6"-malonyl）glucoside、Telekin/Ivalin、反式松柏醛、2,5- 二羟基苯乙酮 *。下调的前 10 个差异代谢物为：Luteolin-7-O-（6"-malonyl）glucoside、（R）-3-（3'-Hydroxybutyl）-2,4,4-trimethylcyclohexa-2,5-dienone、Dalbergin glucoside、Salicin 6'-Sulfate、Quercetin-3',4'-dimethyl ether、9-（hydroxymethyl）-3,5a-dimethyl-2-oxo-2,3,3a,4,5,5a,6,7,9a,

9b-decahydronaphtho[1,2-b]furan-6-yl hydrogen sulfate、Wedelo lactone、阿魏酰咖啡酰酒石酸、Amoenin、Emodin bianthrone*。

与 A0S10 组相比，A5S5 上调的前 10 个差异代谢物为：异鸟嘌呤、水杨苷 6- 硫酸酯、9-（hydroxymethyl）-3,5a-dimethyl-2-oxo-2,3,3a,4,5,5a,6,7,9a,9b-decahydronaphtho 1,2-b]furan-6-yl hydrogen sulfate、N-（2- 羟乙基）- 二十碳五烯酸、R-Campneoside II、苜蓿素 -7-O- 新橙皮糖苷 *、苜蓿素 -7-O- 芸香糖苷 *、N-（丙二酰基）苯丙氨酸、槲皮素 -3',4'- 二甲醚、2 α-Mrthoxyeudesma-3,11（13）dien-5 α H-12-oic acid。下调的前 10 个差异代谢物为：7-Hydroxycoumarin、匙叶桉油烯醇、二酒石酰 - 羟基香豆素、肉桂酸、3-Dehydro-L-Threonic Acid、2',4',6'-Trihydroxyacetophenone、橙皮素 -7-O- 葡萄糖苷、4- 咖啡酰莽草酸、5-O-Caffeoylshikimic acid、戟叶马鞭草苷。A6S4 上调的前 10 个差异代谢物为：异鸟嘌呤、水杨苷 6- 硫酸酯、Rhapontisterone B、N-（2- 羟乙基）- 二十碳五烯酸、9-（hydroxymethyl）-3,5a-dimethyl-2-oxo-2,3,3a,4,5,5a,6,7,9a,9b-decahydronaphtho[1,2-b]furan-6-yl hydrogen sulfate、N-（丙二酰基）苯丙氨酸、苜蓿素 -7-O- 新橙皮糖苷 *、苜蓿素 -7-O- 芸香糖苷 *、R-Campneoside II、槲皮素 -3',4'- 二甲醚。下调的前 10 个差异代谢物为：7-Hydroxycoumarin、L-Malic acid、匙叶桉油烯醇、3-Dehydro-L-Threonic Acid、Ellagic acid-4-O-rhamnoside、2,5-Dimethylchromone-7-O-sulfate、3'-O-methylorobol（ISO1）、O-Phospho-L-serine、5-O-Caffeoylshikimic acid、Boschnaside。

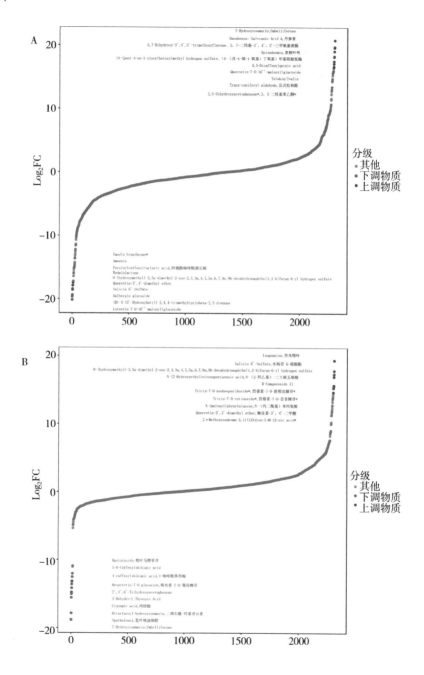

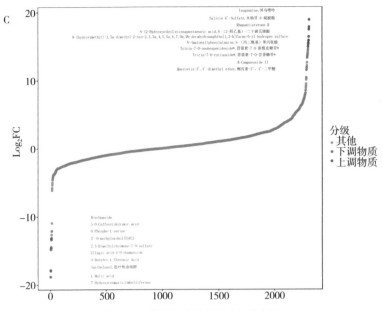

图 2-12　代谢物含量差异动态分布图

注：绿色的点代表下调排名前 10 的物质，红色的点代表上调排名前 10 的物质。（A）A vs S；（B）A0S10 vs A5S5；（C）A0S10 vs A6S4。其中，Salvianic Acid A，丹参素；5,7-Dihydroxy-3',4',5'-trimethoxyflavone，5,7- 二羟基 -3',4',5'- 三甲氧基黄酮；Epieudesmin，表桉叶明；(4-(pent-4-en-1-yloxy)butoxy)methyl hydrogen sulfate, (4-（戊 -4- 烯 -1- 氧基）丁氧基）甲基硫酸氢酯；Trans-coniferyl aldehyde，反式松柏醛；2,5-Dihydroxyacetophenone*，2,5- 二羟基苯乙酮 *；Feruloylcaffeoyltartaric acid，阿魏酰咖啡酰酒石酸；Isoguanine，异鸟嘌呤；Salicin 6-Sulfate, 水杨苷 6- 硫酸酯；N-(2-Hydroxyethyl)eicosapentaenoic acid，N-(2- 羟乙基)- 二十碳五烯酸；7-0-neohesperidoside*，苜蓿素 -7-0- 新橙皮糖苷；Tricin-7-0-rutinoside*，苜蓿素 -7-0- 芸香糖苷 *；N-(malonyl)phenylalanine, N-(丙二酰基) 苯丙氨酸；Quercetin-3',4'-dimethyl ether，槲皮素 -3',4'- 二甲醚；Hastatoside，戟叶马鞭草苷；4-caffeoylshikimic acid，4- 咖啡酰莽草酸；Hesperetin-7-0-glucoside，橙皮素 -7-0- 葡萄糖苷；Cinnamic acid，肉桂酸；Ditartaroyl-hydroxycoumarin，二酒石酰 - 羟基香豆素；Spathulenol，匙叶桉油烯醇；Isoguanine，异鸟嘌呤；Salicin 6'-Sulfate，水杨苷 6- 硫酸酯；N-(2-Hydroxyethyl)eicosapentaenoic acid，N-(2- 羟乙基)- 二十碳五烯酸；N-(malonyl)phenylalanine, N-(丙二酰基) 苯丙氨酸；Tricin-7-0-neohesperidoside*，苜蓿素 -7-0- 新橙皮糖苷 *；Tricin-7-0-rutinoside*，苜蓿素 -7-0- 芸香糖苷 *；Quercetin-3',4'-dimethyl ether，槲皮素 -3',4'- 二甲醚；Spathulenol，匙叶桉油烯醇。

2.2.5.4 差异代谢物 KEGG 富集分析

由京都基因和基因组百科全书（KEGG）途径富集分析表明，向日葵秸秆与苜蓿原料上差异主要集中于异黄酮生物合成（Isoflavonoid biosynthesis）、各种植物次生代谢产物的生物合成（Biosynthesis of various plant secondary metabolites）、苯丙烷类生物合成（Phenylpropanoid biosynthesis）、氨基酸的生物合成（Biosynthesis of amino acids）以及辅因子的生物合成（Biosynthesis of cofactors）。A0S10 与 A5S5 差异代谢物主要集中于异黄酮生物合成（Isoflavonoid biosynthesis）和类黄酮生物合成（Flavonoid biosynthesis）。A0S10 与 A6S4 差异代谢物主要集中于异黄酮生物合成（Isoflavonoid biosynthesis）、和次生代谢物的生物合成（Biosynthesis of secondary metabolites）。

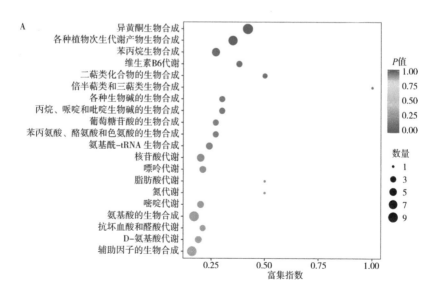

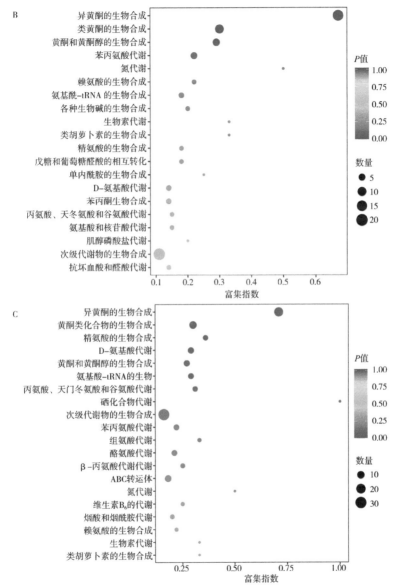

图 2-13　差异代谢物 KEGG 富集分析

注：横坐标表示每个通路对应的富集因子，纵坐标为通路名称，点的颜色越红表示富集越显著。点的大小代表富集到的差异代谢物的个数多少。（A）A vs S；（B）A0S10 vs A5S5；（C）A0S10 vs A6S4。

2.2.6 不同比例苜蓿与向日葵秸秆混贮品质隶属函数分析

按照各指标与青贮品质的关系分为正相关和负相关，其中可溶性糖含量、粗蛋白含量、粗脂肪含量、乳酸含量、乙酸含量为正相关，中性洗涤纤维、酸性洗涤纤维、pH、氨态氮 / 总氮值、丁酸为负相关。两组指标按照不同的公式进行隶属函数计算，最终将各指标的隶属函数值取平均，得到青贮品质综合评价得分，分数越大青贮品质就越好，并对不同比例苜蓿与向日葵秸秆混贮的隶属函数值均值进行排序，计算结果见表 2–3。结果表明：A0S10 丙酸评分最高，可溶性碳水化合物、粗蛋白、中性洗涤纤维、粗脂肪、氨态氮 / 总氮评分最低；A2S8 氨态氮 / 总氮、乳酸、丙酸和 pH 值评分最高，乙酸评分最低；A4S6 酸性洗涤纤维评分最低；A5S5 中性洗涤纤维和酸性洗涤纤维评分最低；A6S4 乙酸评分最高；A8S2 可溶性碳水化合物、粗蛋白、粗脂肪评分高，乳酸、丁酸和 pH 值评分最低。各处理组青贮品质综合评价排名为 A5S5、A8S2、A6S4、A2S8、A4S6 和 A0S10。

表 2–3 不同比例苜蓿与向日葵秸秆混贮品质隶属函数分析及综合评价

项目	A0S10	A2S8	A4S6	A5S5	A6S4	A8S2
可溶性碳水化合物	0.00	0.07	0.55	0.84	0.84	1.00
粗蛋白	0.00	0.25	0.54	0.67	0.91	1.00
中性洗涤纤维	0.00	0.60	0.50	1.00	0.74	0.95
酸性洗涤纤维	0.08	0.11	0.00	1.00	0.61	0.88
粗脂肪	0.00	0.42	0.44	0.99	0.98	1.00
氨态氮 / 总氮	0.00	1.00	0.67	0.77	0.10	0.70
乳酸	0.08	1.00	0.69	0.31	0.01	0.00
乙酸	0.06	0.00	0.05	0.89	1.00	0.96

续表

项目	A0S10	A2S8	A4S6	A5S5	A6S4	A8S2
丁酸	1.00	1.00	0.53	0.39	0.37	0.00
pH	0.78	1.00	0.28	0.53	0.08	0.00
均值	0.20	0.55	0.43	0.74	0.57	0.65
排序	6	4	5	1	3	2

2.3 讨论

2.3.1 不同比例苜蓿与向日葵秸秆混贮对发酵品质的影响

碳水化合物为乳酸生产提供了必要的底物，在整个发酵生态系统中发挥着至关重要的作用。可溶性碳水化合物含量是发酵的限制因素，Zhang 等（2010）认为，要成功保存新鲜饲料，可溶性碳水化合物的最低含量约为 30 g/kg。本试验中，尽管两种原料中可溶性碳水化合物含量均较低，但均满足发酵条件。尽管苜蓿携带微生物数量较少，但其魏斯氏菌属和乳杆菌属相对丰度较高。假单胞杆菌是土壤中常见的细菌之一，可以在厌氧条件下生存。苜蓿原料中含有大量的假单胞杆菌，或许是由于原料受到土壤污染所导致。

青贮饲料能够长期保存主要是基于厌氧以及酸性环境，pH 的降低主要由乳酸菌代谢可溶性碳水化合物为乳酸所导致，同时乳酸发酵会使环境产生高渗透压，从而使微生物失活，进而保持新鲜作物的营养价值。在青贮过程中，乳酸菌产生的乳酸（pKa:3.86）通常是青贮饲料中浓度最高的酸，相比于乙酸（pKa:4.75）和丙酸（pKa:4.87）的强度高 10 ～ 12 倍，因此对发酵过程中 pH 下降贡献最大（Kung et al., 2018）。此外，产生乳酸的发酵在储存过程中导致作物干物质和能量损失最低。青贮饲料对 pH 降低的抵抗力称为缓冲能力。这是由作物中存在的化合物所导致的，如粗蛋白、无机离子、有机酸和其他物质。更高的缓冲能值需要更多的水溶性碳水化合物含量和更长的时间，才能降低 pH 值和抑制不良发酵。此外发酵最重要的底物是可溶性碳水化合物。同时，一些酶也可以水解淀粉和半纤维素，为微生物生长提供更多的己糖和戊糖。

一般来说，苜蓿等豆科植物拥有较高的缓冲能值，因而发酵所需的时间也较长。有学者认为，pH 下降速度是比最终 pH 更重要的指标（Mazza Rodrigues et al., 2008；Mu et al., 2020）。Kennang 等（2022）认为，发酵早期 pH 的快速下降是决定青贮饲料质量的关键因素，其原因在于可以抑制腐败微生物降解蛋白质并产生氨态氮。本试验中，混合青贮中向日葵秸秆较多的处理（A0S10、A2S8、A4S6）在发酵初期，pH 下降极为迅速，这或许是由于向日葵秸秆缓冲能值低所导致。但在发酵后期，这几组的 pH 尽管有所下降但差异并不显著（$P>0.05$），而 A6S4、A8S2 在发酵 15 d 后仍有一定程度的下降，且差异显著（$P<0.05$）。或许是由于向日葵秸秆中可溶性碳水化合物含量较低，混贮饲料中发酵底物在前期被消耗尽所导致。

在本试验中，各处理组乳酸在前期积累较为迅速，随后乳酸积累速度逐渐减慢。特别是 A2S8、A4S6 在发酵后期乳酸积累量仍有大幅度提高，并在 60 d 发酵完成时乳酸含量显著高于其余各处理（$P<0.05$）。这或许是由于向日葵秸秆的原料上所携带的乳酸菌数量较多导致。Demirel 等（2008）认为，相比于其他混合青贮，向日葵青贮有机酸含量高于高粱青贮，乳酸含量在向日葵 - 玉米青贮中随着向日葵比例的增加而提高，这与本试验结果相似。

异型发酵由异型发酵乳酸菌、肠杆菌和梭菌等主导，最终将可溶性碳水化合物发酵为乙酸，这会造成一定的干物质损失。本试验可以观察到 A5S5、A6S4、A8S2 乙酸含量随着苜蓿比例的增加而增加，而 A0S10、A2S8、A4S6 中的乙酸含量在发酵后期出现下降趋势。Wang 等（2018）认为，混贮中乙酸浓度随着苜蓿比例的增加而逐渐增加，可能归因于苜蓿上复杂的微生物群落，而与秸秆材料无关。乙酸细菌可能附着在苜蓿上，苜蓿可以通过磷酸戊糖途径代谢果糖和葡萄糖，以乙醛作为中间体，在达到厌氧条件之前产生乙酸（Wang et al., 2018）。丁酸在青贮饲料中是不可取的，如果超过 5 g/kg，会减少家畜的采食量。丁酸一般由梭菌的代谢活动所导致（Wang et al., 2019a）。本试验结果中 A0S10、A2S8 均未检测到丁酸，A4S6 在直到第 30 d 才检测到丁酸。同时，随着苜蓿比例的增加，丁酸含量逐渐提高。这或许是由于添加向日葵秸秆后，青贮 pH 下降较快，抑制了梭菌的活动所导致。

青贮饲料中高浓度的氨态氮是蛋白质过度分解的标志，通常是由 pH 缓慢下降引起的（Kung et al., 2001）。其原因在于植物蛋白酶和微生物的综合作用。在 pH 为 5.0 至 6.0 时，梭状芽孢杆菌和植物蛋白水解酶都具有较高活性（Wang et al., 2019a）。Du 等（2022）认为肠杆菌争夺营养并产生氨态氮。本试验中 A6S4、A8S2 相对较高的氨态氮含量或许是由于 pH 下降较慢所导致。

2.3.2　不同比例苜蓿与向日葵秸秆混贮对营养成分的影响

青贮饲料的价值受到多种因素的影响，如纤维素含量、碳水化合物、脂肪和蛋白质含量（Bal et al., 1997）。Gholami-Yangije 等（2019）认为，青贮能够提高向日葵渣中粗蛋白含量保存率，这与本试验结果保持一致。本试验中 A2S8、A4S6 在发酵中粗蛋白含量均有逐渐提高的趋势，这或许是由于发酵过程中微生物合成菌体蛋白所导致。而 A6S4 和 A8S2 粗蛋白含量逐渐降低。研究表明，在青贮过程中，蛋白质水解通常由天然植物蛋白酶开始，这些蛋白酶将蛋白质水解成肽和游离氨基酸，随后通过微生物一系列活动将其进一步降解为酰胺、胺和氨（Kung et al.，2018）。Li 等（2018）认为，原料不同会导致青贮饲料中羧肽酶、氨基肽酶和酸性蛋白酶等蛋白酶活性不同，进而导致蛋白质水解程度不同。因而本试验中，不同处理间粗蛋白含量变化规律不同，或许是由于原料比例不同，以至于蛋白酶活性不同所导致，同时微生物作用（如梭状芽孢杆菌、肠杆菌）也产生了一定的影响。纤维素含量过高一直是向日葵秸秆饲料化的限制因素。该部分往往在发酵过程中难以被微生物直接利用。研究表明，向日葵秸秆通过青贮能够减少中性洗涤纤维含量，增加酸性洗涤纤维和木质素含量（Gholami-Yangije et al.，2019），这与本试验结果不一致。在本试验中，随着发酵的进行，A5S5、A6S4 和 A8S2 中性洗涤纤维含量逐渐下降，而其余各组中性洗涤纤维含量基本保持不变或略有提高。同时酸性洗涤纤维含量均有不同程度的下降，其中 A0S10、A5S5 下降幅度最为明显。这或许是由于添加剂导致纤维素降解所导致的。

2.3.3 不同比例苜蓿与向日葵秸秆混贮对微生物多样性的影响

青贮饲料的发酵过程非常复杂，涉及多种类型的微生物，最终导致不同的发酵效果。微生物的群落结构、物种多样性和功能差异是影响青贮发酵的重要因素（Besharati et al.，2020）。其中乳酸菌发酵可溶性碳水化合物产生乳酸和其他有机酸，降低 pH 以抑制其他有害微生物的生长。因而青贮发酵过程中，微生物的演替一直集中在乳酸菌和其他有害微生物之间的相互作用上（Besharati et al., 2022）。在我国，向日葵秸秆茎髓和叶均可以进行药用。根据现代研究，向日葵秸秆以及葵叶中有许多生物活性物质，如萜类化合物、木脂素和黄酮类化合物（Amakura et al., 2013；Torres et al., 2015）。这或许是其能够有效抑制肠杆菌的原因。乳酸菌隶属于厚壁菌门，该门下包括多个属，如乳酸杆菌、肠球菌和乳球菌等（Besharati et al., 2021b）。变形菌门向厚壁菌门的转变是青贮期间的一个正常过程，由于此时的环境由有氧变为无氧，厌氧和低 pH 条件有助于厚壁菌门的生长。厚壁菌门的细菌在厌氧环境中具有产酸的功能，同时能够分泌多种酶（Besharati et al., 2023）。本试验中，在属水平上，可以看到在发酵初期，各处理优势菌群为魏斯氏菌属，其次为乳杆菌属。随着发酵的进行，乳杆菌属相对丰度逐渐超越魏斯氏菌属。一般认为，魏斯氏菌、片球菌和乳球菌启动了青贮发酵；但随后其生长繁殖不再旺盛。随着发酵时间的延长，优势细菌逐渐成为对低 pH 更耐受的乳酸杆菌。而本试验发酵过程主要由魏斯氏菌属启动，并未观测到片球菌和乳球菌。在发酵第 1 d 时，可以观察到 A2S8 和 A4S6 两组魏斯氏菌相对丰度最高，而 A5S5、A6S4 和 A8S2 三组优势菌群为泛菌属，其次为魏斯氏菌属。该现象能够证明，加入较高比例的向日葵秸秆可以使混合青贮发酵较早启动。

　　泛菌属是最常见的兼性有氧菌。在本试验中泛菌属下降十分迅速，A2S8、A4S6、A5S5、A6S4 和 A8A2 在发酵第 5 d 时分别下降至 4.45%、1.15%、3.52%、12.92% 和 4.39%。这是由于泛菌属对 pH 下降十分敏感。当前泛菌属物种在青贮发酵中的作用尚不清楚。

但根据以往的研究，泛菌属或许可以降低氨态氮含量。由于 A5S5、A6S4、A8S2 发酵启动较晚，且苜蓿原料中含有较多杂菌（假单胞菌属、欧文氏菌属、肠杆菌），因此在第 1 d、第 5 d 都有相当数量的假单胞菌属、欧文氏菌和肠杆菌存在。假单胞菌属会消耗青贮中的蛋白质；欧文氏菌是导致新鲜植物变质的主要细菌，在青贮中，会与乳酸菌竞争发酵底物（Mcgarvey et al.，2013）；肠杆菌可以将葡萄糖和乳酸发酵成乙酸和乙醇，并将蛋白质降解为氨（Borreani et al.，2018）。因此，在青贮发酵过程中应尽快抑制以上细菌的生长繁殖。在随后的发酵过程中，魏斯氏菌属和乳杆菌属逐渐占据优势地位。但是 A6S4 和 A8S2 两组中依然含有较高相对丰度的泛菌属以及肠杆菌。这或许是由于在这两个处理中 pH 下降缓慢以至于无法快速抑制有害菌所导致的。同时可以看到，在整个发酵过程中，A0S10 组乳酸菌相对丰度始终较低。这是由于向日葵秸秆中蛋白质含量过低，以致乳酸菌无法繁殖生长所导致（Besharati et al.，2021a）。

2.3.4 不同比例苜蓿与向日葵秸秆混贮对代谢物的影响

微生物通过产生一系列代谢物来影响青贮饲料的质量，这些代谢物在青贮饲料中具有多种作用，例如提高发酵质量、改善风味以及延长好氧稳定性等（Hu et al.，2020）。Hu 等（2020）在青贮苜蓿中共检测到 196 个代谢物，主要是有机酸类、多元醇类、酮类和醛类等。根据现有的研究，关于向日葵茎叶中代谢物的报道十分有限。研究表明，苜蓿中含有大量黄酮，其中主要为苜蓿素和芹菜素，苜蓿黄酮是一种混合物，包含与羟基肉桂酸衍生物（阿魏酸、香豆酸和芥子酸）酰化的形式以及未酰化的形式（Rafińska et al.，

2017）。黄酮的主要生物学功能是抗氧化作用。Chiurazzi 等（2022）研究表明，苜蓿黄酮可以有效提高肉鸡的脂质和氧化代谢作用。Lui 等（2020）认为苜蓿中类黄酮主要包括：槲皮素、二氢黄酮、开阔酸、槲皮素和杨梅素等。芹菜素具有抗癌、抗氧化和抗炎等作用。当前关于芹菜素的抑菌研究主要在有氧条件下进行，芹菜素在厌氧条件下的抑菌作用十分有限（Wang et al., 2019b）。本试验中在向日葵秸秆中检测到石吊兰素、垂叶黄素、杜鹃素、半枝莲种素、韧黄芩素Ⅰ等。从原料上看，向日葵秸秆鲜样相比于苜蓿鲜样有 9 种倍半萜下调，27 种倍半萜上调。上调的代谢物包括圆柚酮、美洲豚草内酯、松果酸、白术内酯Ⅲ。圆柚酮被认为是葡萄柚中气味和味道的主要化合物之一，是一种高价值的芳香化合物，同时还具有抗虫、抗炎等作用（Li et al., 2021）。因而，添加向日葵秸秆或许可以改善青贮饲料的风味。白术内酯具有药理活性，包括调节血糖和血脂，以及抗血小板、抗骨质疏松症和抗菌活性，尤其具有显著的抗炎和神经保护的作用（Deng et al., 2021）。同时，向日葵秸秆鲜样相比于苜蓿鲜样有 10 种木脂素上调，3 种木脂素下调。木脂素主要存在于植物的木质部中，具有抗氧化、抗菌和抗病毒等多种生物活性。总体来看，紫花苜蓿的代谢物含量高于向日葵秸秆，向日葵秸秆中代谢物较高的部分主要为黄酮和倍半萜，主要作用多集中于如抗炎、抗癌等药用活性。

五羟黄酮、驴食草酚具有抗炎活性（Franchin et al., 2016; Geraets et al., 2007）。苜蓿素具有抗炎、抗氧化和抗病毒等药理活性（Lam et al., 2021）。A5S5 和 A6S4 两种混贮相比于向日葵单贮分别有 15 种和 7 种蒽酮类物质上调。蒽醌具有药理和毒理作用，主要包括抗高血脂、抗癌和调节免疫作用（Wang et al., 2021a）。其中大黄素具有抗癌、抗炎以及抑制革兰氏阳性细菌，尤其是枯草芽孢杆菌和金黄色葡萄球菌。然而，过量大黄素具有肝毒性、肾毒性和生殖毒性（Dong et al.，2016）。

2.4 小结

向日葵秸秆在单独青贮时，发酵品质与微生物多样性结果较差。当与苜蓿混合青贮，且添加向日葵秸秆比例较高时，能有效加快混贮中 pH 降低的速度，减少发酵前期营养物质损失，同时减少乙酸和丁酸含量，并在发酵前期快速降低杂菌相对丰度，提高乳酸菌相对丰度。同时相比于向日葵秸秆单独青贮，混贮能够使黄酮和氨基酸极其衍生物上调。根据青贮品质隶属函数分析，A5S5 品质较优。

第 3 章

混合青贮对奶牛生产性能的影响

3.1 材料与方法

3.1.1 青贮饲料

　　根据第 2 章中不同比例苜蓿与向日葵秸秆混贮品质的综合评价，选择苜蓿与向日葵秸秆混合比例为 5∶5 制作裹包青贮。研究中使用的青贮饲料由内蒙古正时生态农业（集团）有限公司（内蒙古，呼和浩特）代加工。试验以向日葵秸秆、紫花苜蓿为青贮原料。将第四茬紫花苜蓿与去头后的向日葵秸秆用克拉斯（JAGUAR 880，德国）收获并粉碎，随后经地磅称重后将两种原材料均匀混合，最后使用青贮裹包机（MP2000-X，挪威）制作混合青贮与苜蓿青贮。向日葵秸秆与苜蓿混合青贮和苜蓿单贮主要营养成分，测定结果见表 3-1。

表 3-1　向日葵秸秆与苜蓿混合青贮与苜蓿青贮营养组成（干物质基础）

单位：%

项目	混合青贮	苜蓿青贮
粗蛋白	17.7	20.7
粗脂肪	4.2	4.4
中性洗涤纤维	38.89	38.28
酸性洗涤纤维	33.8	32.8
粗灰分	10.97	12.5
钙	2.3	1.94
磷	0.23	0.29

3.1.2 试验动物与饲粮

　　选取日产奶量、胎次、泌乳天数及平均体重相近的健康荷斯坦泌乳牛 24 头，随机分为 4 组，每组 6 头。试验期共 60 d，其中预饲期 15 d，正试期 45 d。设置 1 个对照组（CK），对照组饲喂常规混合日粮。设置试验 I 组：添加 15% 向日葵秸秆混合青贮；试验 II 组：添加 30% 向日葵秸秆混合青贮；试验 III 组：添加 50% 向日葵秸秆混合青贮，与燕麦干草、全株玉米青贮、玉米秸秆、豆粕、玉米和奶牛浓缩饲料制成混合日粮。每日 06:00 和 17:00 饲喂 2 次，奶牛采取散养模式，自由采食，自由饮水。08:30 和 19:00 挤奶。试验饲粮组成及营养成分见表 3-2。

表 3-2　基础饲粮组成及营养水平（干物质基础）

	项目	对照组	试验 I 组	试验 II 组	试验 III 组
原料	混合青贮 /%	—	3.62	7.24	12.06
	苜蓿青贮 /%	24.12	20.50	16.88	12.06
	全株青贮玉米 /%	21.76	21.76	21.76	21.76
	玉米秸秆 /%	10.00	10.00	10.00	10.00
	燕麦干草 /%	14.12	14.12	14.12	14.12
	浓缩料 /%	6.47	6.47	6.47	6.47
	豆粕 /%	5.88	5.88	5.88	5.88
	玉米 /%	17.65	17.65	17.65	17.65
	合计	100	100	100	100
营养水平	产奶净能 /（Mcal/kg）*	1.50	1.50	1.50	1.50
	粗蛋白质 /%	15.06	14.95	14.85	14.70
	中性洗涤纤维 /%	40.01	39.98	39.96	39.93
	酸性洗涤纤维 /%	25.86	25.82	25.78	25.73
	钙 /%	0.81	0.83	0.84	0.86
	磷 /%	0.28	0.28	0.28	0.28

注：1 cal=4.184 J。

3.1.3　样品采集

3.1.3.1　饲料样品采集及处理

正式期开始，每周记录 3 d 投料量及剩料量，试验结束计算奶牛平均干物质采食量（Dry matter intake，DMI）。采集各组混合饲料 500 g，所有样品在 65 ℃下，烘干至恒重，测定初水分。然后利用粉碎机将烘干后的样品粉碎，过 40 目筛保存。全混合日粮（Total mixed ration，TMR）中粗蛋白、粗脂肪、粗灰分、中性洗涤纤维和酸性洗涤纤维含量参照第 2 章 2.1.4 测定，钙和磷参照《饲料分析及饲料质量检测技术》（张丽英，2007）测定。

3.1.3.2　乳样采集与测定

在试验最后一天结束前采集乳样，将早、晚乳样按照 5∶5 比例混合均匀，加入重铬酸钾防腐剂，由北京市华英生物技术研究所进行乳蛋白率（Protein percentage）、乳脂率（Fat percentage）、非脂乳固体（Solid non fat，SNF）、乳糖率（lactose content）、体细胞数（Somatic cell count，SCC）含量等指标的测定。

3.1.3.3　瘤胃液采集与测定

在正式期第 45 d 晨饲前使用胃管式采液器采集瘤胃液样品 200 mL。采集的瘤胃液经 4 层纱布过滤，使用便携式 pH 计（Laqua Twin，美国）立即测定 pH。将采集的瘤胃液分装至冻存管，部分 –80 ℃保存，用于瘤胃微生物多样性的测定；剩余瘤胃液于 –20 ℃保存，用于挥发性脂肪酸（Volatile fatty acids，VFA）和氨态氮等指标的测定。

氨态氮、挥发性脂肪酸参照第 2 章 2.1.2 部分。瘤胃液微生物多样性由上海美吉医药科技有限公司进行细菌测序。瘤胃液细菌

16S rDNA 的 V3 ～ V4 区所用引物序列见表 3-3。

表 3-3　16S rDNA 引物序列

引物名称	引物序列
338F	ACTCCTACGGGAGGCAGCAG
806R	GGACTACHVGGGTWTCTAAT

3.1.4 数据处理

同第 2 章 2.1.7 部分。

3.2 结果

3.2.1 向日葵秸秆混贮对奶牛生产性能和经济效益的影响

由表 3-4 可知，各试验组干物质采食量和产奶量均有所下降，但只有试验Ⅲ组差异达到显著水平（$P<0.05$）。乳糖、非脂乳固体、乳蛋白和体细胞数各组均无显著性差异（$P>0.05$）。相比于对照组，试验Ⅲ组乳脂率显著提高（$P<0.05$）。

表 3-4　向日葵秸秆混贮对奶牛泌乳性能的影响

项目	对照组	试验Ⅰ组	试验Ⅱ组	试验Ⅲ组
干物质采食量 /（kg/d）	17.15±1.71[a]	15.67±1.44[a]	15.91±0.88[a]	12.84±1.15[b]
产奶量 /（kg/d）	15.84±0.61[a]	14.87±1.14[a]	14.69±1.81[a]	11.71±1.68[b]
乳脂率 /%	2.10±0.48[b]	1.75±0.37[b]	1.79±0.34[b]	4.76±1.44[a]
乳糖 /%	5.04±0.50[a]	5.07±0.29[a]	5.02±0.15[a]	4.84±0.57[a]
非脂乳固体 /%	9.36±0.55[a]	9.41±0.49[a]	9.06±0.30[a]	8.61±0.88[a]
乳蛋白 /%	3.33±0.14[a]	3.38±0.19[a]	3.35±0.11[a]	3.20±0.38[a]
灰分 /%	0.76±0.04[a]	0.75±0.04[a]	0.74±0.03[a]	0.72±0.09[a]
体细胞数 /（×10⁴ 个）	45.00±5.57[a]	53.67±14.01[a]	49.00±2.00[a]	58.33±6.03[a]

根据牧场 2024 年 1 月原料价格计算，苜蓿青贮 1690 元 /t，燕麦干草价格为 2200 元 /t，牧场使用的泌乳牛浓缩料 3500 元 /t，豆粕价格 4500 元 /t，玉米为 2900 元 /t。全株玉米青贮以及玉米秸秆为自己种植，折合价格为 500 元 /t 和 300 元 /t。向日葵与苜蓿混贮由干物质含量与干物质价值折算，为 450 元 /t。经计算，对照组每日每头牛毛利润最低为 8.80 元 /d，试验 II 组最高，为 11.12 元。因此表明混合青贮替代泌乳奶牛 30% 时经济效益最高，能够增加养殖利润（表3–5）。

表 3–5　向日葵秸秆混贮对奶牛经济效益分析

单位：元

项目	对照组	试验 I 组	试验 II 组	试验 III 组
每千克日粮成本（干物质）	2.81	2.72	2.63	2.50
每日每头日粮成本	48.23	42.60	41.77	32.11
牛奶收入	57.02	53.53	52.88	42.16
每日每头牛毛利润	8.80	10.93	11.12	10.04

3.2.2　向日葵秸秆混贮对奶牛瘤胃发酵效果的影响

如表 3–6 所示，与对照组相比，各组 pH、氨态氮、乙酸、丙酸、丁酸和乙酸 / 丙酸均无显著性差异（$P>0.05$）。

表 3–6　向日葵秸秆混贮对奶牛瘤胃发酵参数的影响

项目	对照组	试验 I 组	试验 II 组	试验 III 组
pH	6.96 ± 0.31^a	6.81 ± 0.16^a	7.06 ± 0.03^a	7.08 ± 0.14^a
氨态氮 /（mmol/L）	10.40 ± 1.59^a	11.08 ± 1.45^a	8.47 ± 2.85^a	10.64 ± 1.67^a
乙酸 /（mmol/L）	56.67 ± 2.18^{ab}	59.01 ± 2.30^a	49.24 ± 7.32^b	5.40 ± 0.37^{ab}
丙酸 /（mmol/L）	23.05 ± 5.93^a	23.60 ± 1.56^a	20.74 ± 1.84^a	18.96 ± 2.43^a
丁酸 /（mmol/L）	4.32 ± 0.67^a	4.08 ± 0.23^a	4.03 ± 0.32^a	4.49 ± 0.20^a
乙酸 / 丙酸	2.55 ± 0.53^a	2.51 ± 0.18^a	2.39 ± 0.39^a	2.87 ± 0.31^a

3.2.3 向日葵秸秆混贮对奶牛瘤胃微生物多样性的影响

3.2.3.1 瘤胃菌群的 α 多样性分析结果

如表 3-7 所示，各组覆盖度（Coverage）均大于 0.999，表明测序结果基本覆盖样本中的所有微生物。Sobs 指数（Observed species）、Ace 指数（Abundance-based coverage estimator）和 Chao1 指数用于估计观测到的物种数量，指数越高，物种多样性越高；香农指数（Shannon）和辛普森指数（Simpson）反映物种丰富度和均匀度，Shannon 指数随着物种丰富度的增加而升高，Simpson 指数随着物种丰富度的增加而降低。与 CK 相比，各试验组 ACE 指数、Chao1 指数、Shannon 指数和 Sobs 指数均有所降低，Simpson 均有所增高，但差异不显著（$P>0.05$）。

表 3-7　向日葵秸秆混贮对奶牛瘤胃菌群 α 多样性的影响

处理	ACE 指数	Chao1 指数	香农指数	辛普森指数	覆盖度	Sobs 指数
CK	2301.97±287.59[a]	2286.01±284.82[a]	6.71±0.08[a]	0.0030±0.0004[a]	0.9985±0.0010[a]	2278.83±288.10[a]
试验Ⅰ组	2009.52±248.32[a]	1997.68±245.26[a]	6.59±0.15[a]	0.0033±0.0007[a]	0.9988±0.0004[a]	1993.33±245.23[a]
试验Ⅱ组	2095.67±146.67[a]	2080.94±138.98[a]	6.67±0.13[a]	0.0033±0.0010[a]	0.9982±0.0008[a]	2069.33±133.81[a]
试验Ⅲ组	2160.72±557.12[a]	2138.98±537.80[a]	6.63±0.27[a]	0.0036±0.0015[a]	0.9978±0.0020[a]	2123.25±326.20[a]

为评估瘤胃液样品测序量是否合理，使用物种稀释曲线对瘤胃液样品测序量进行评估。结果显示，随着样本读数的增加，扩增子序列变体（Amplicon sequence variant，ASV）的识别率最后趋于稳定，说明目前的测序深度和样本量足以评估瘤胃细菌群落的主要组

成（图 3-1）。

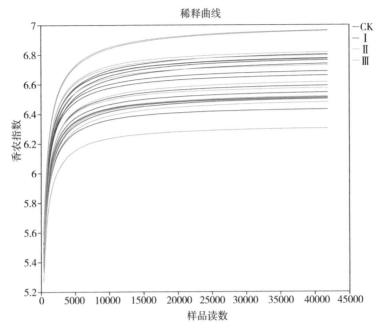

图 3-1　瘤胃液细菌稀释曲线

如图 3-2 所示，测序深度为最小样本序列大小的 95%。共检测到 25421 个 ASVs，与 CK 相比，试验 I 组共有 2055 个，特有 5932 个；试验 II 组共有 2154 个，特有 5195 个；试验III组共有 2139 个，特有 6475 个。

3.2.3.2　瘤胃菌群的 β 多样性分析结果

为了解不同组别瘤胃液样品的分组效果，采用主坐标分析（PCoA）进行了 β 多样性分析，以评估不同组别瘤胃液样品的分组效果。结果显示，对照组与各试验组的微生物组成存在分离（图 3-3），表明分组效果较好。

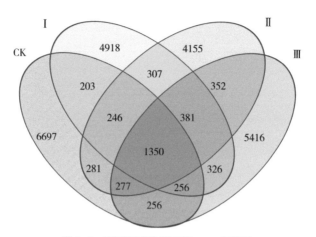

图 3-2 不同组别的瘤胃液 ASV 花瓣图

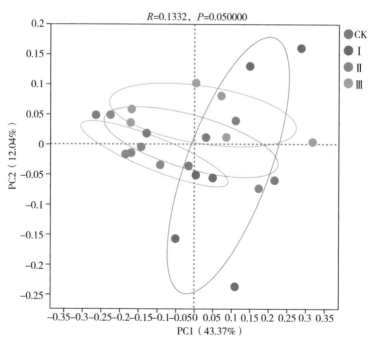

图 3-3 不同组别瘤胃液的 PCoA

3.2.3.3 瘤胃菌群群落结构分析

如图 3-4 和图 3-5 所示,在门水平上,各组优势菌群为厚壁菌门(Firmicutes)和拟杆菌门(Bacteroidota),CK、试验 I 组、试验 II 组和试验 III 组 Firmicutes 相对丰度分别为 56.54%、48.29%、59.77% 和 54.72%;Bacteroidota 相对丰度分别为 37.30%、44.71%、34.12% 和 38.50%。其他菌门的相对丰度较低。在属水平上,优势菌群为普雷沃氏菌属(*Prevotella*)、理研科 RC9 肠道群(Rikenellaceae_RC9_gut_group)和 NK4A214_group,各试验组 Prevotella 相对丰度分别为:16.80%、21.51%、12.47% 和 18.74%;*Rikenellaceae_RC9*_gut_group 相对丰度分别为:8.92%、9.77%、10.51% 和 7.17%;NK4A214_group 相对丰度分别为:6.93%、5.93%、9.75%、6.44%。

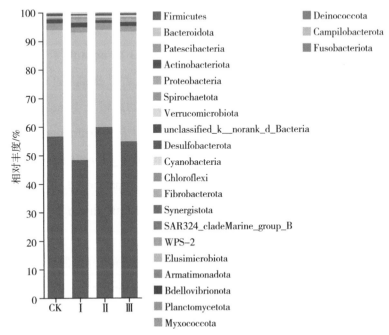

图 3-4 不同组别瘤胃液在门上的群落组成

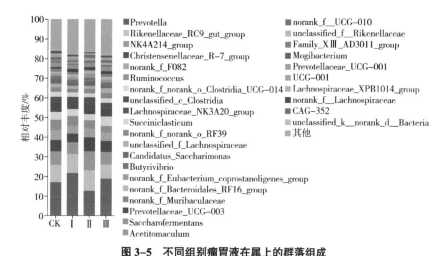

图 3-5 不同组别瘤胃液在属上的群落组成

3.2.3.4 瘤胃菌群物种差异分析

如图 3-6 所示，与对照组相比，试验 I 组，普雷沃特菌科 UCG-003 群（Prevotellaceae_UCG-003）、norank_f__UCG-011、单球菌属（*Monoglobus*）相对丰度显著性提高（$P < 0.05$）。unclassified_k__norank_d_*Bacteria*、未分类的涡鞭目（unclassified_o__*Oscillospirales*）、河流微菌科 UCG-011 群（Defluviitaleaceae_UCG-011）、未分类的厚壁菌门（unclassified_p__*Firmicutes*）、未分类的无壳原浆菌科（unclassified_f__Acholeplasmataceae）、隐微菌属（*Elusimicrobium*）和肉毒梭菌（Clostridium_sensu_stricto_1）相对丰度显著性降低（$P < 0.05$）。

如图 3-7 所示，试验 II 组未分类的产粪甾醇真杆菌群（norank_f__*Eubacterium_coprostanoligenes*_group）、norank_f__UCG-010、未分类的理研科（unclassified_f__Rikenellaceae）、球螺旋菌属（*Sphaerochaeta*）、UCG-002、norank_f__norank_o__*Clostridia* *vadinBB60*_group、脱硫弧菌属（*Desulfovibrio*）相对丰度显著性提高（*P* < 0.05），norank_f__*Muribaculaceae*、unclassified_k__norank_d__*Bacteria*、CAG-352、*Eubacterium_ventriosum*_group、双歧杆菌属（*Bifidobacterium*）、未分类的涡鞭目（unclassified_o__*Oscillospirales*）、norank_f__p-251-o5 相对丰度显著性降低（*P* < 0.05）。

如图 3-8 所示，试验Ⅲ组糖发酵菌属（*Saccharofermentans*）、口杆菌属（*Oribacterium*）、norank_f__UCG-011、毛螺菌科 ND3007 群（Lachnospiraceae_*ND3007*_group）、单球菌属（*Monoglobus*）和反刍克罗斯特利菌属（*Ruminiclostridium*）相对丰度显著性提高（*P* < 0.05）。理研科 RC9 肠道群（Rikenellaceae_RC9_gut_group）、瘤胃球菌属（*Ruminococcus*）、候选新糖单胞菌属（*Candidatus_Saccharimonas*）、UCG-001、unclassified_k__*norank_d__Bacteria*、未分类的涡菌科（unclassified_f__Oscillospiraceae）、未分类的拟杆菌目 UCG-001 群（norank_f__*Bacteroidales*_UCG-001）、未分类的瘤胃球菌科（unclassified_f__Ruminococcaceae）、纤维杆菌属（*Fibrobacter*）相对丰度显著性降低（*P* < 0.05）。

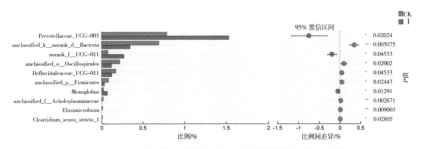

图 3-6　CK 与试验Ⅰ组属水平上瘤胃菌群物种差异分析

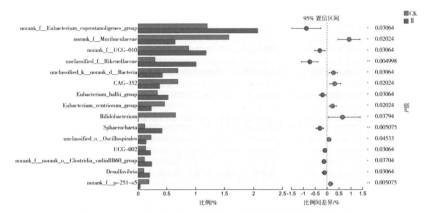

图3-7　CK与试验Ⅱ组属水平上瘤胃菌群物种差异分析

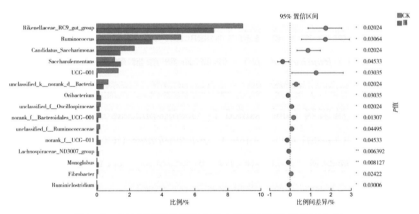

图3-8　CK与试验Ⅲ组属水平上瘤胃菌群物种差异分析

3.3 讨论

3.3.1 向日葵秸秆混贮对奶牛生产性能的影响

一般认为，奶牛的产奶量主要受干物质采食量的影响。因此，干物质摄入量成为评价奶牛生产性能的关键指标，对奶牛的繁殖能力、泌乳性能以及乳品质均有极其重要的影响（张兵 等，2010）。影响干物质采食量的因素较多，如日粮中的水分、粗纤维、粗脂肪、适口性和奶牛自身新陈代谢等（Allen，2000；Belyea et al.，1985；张殿军，2016）。中性洗涤纤维是影响采食量的主要因素，同样也影响着奶牛的瘤胃填充（李娜，2018）。当中性洗涤纤维超过日粮干物质的 35% 时，对瘤胃的填充效应开始起作用，将影响饲料的消化率以及在消化道中的流通速度，家畜的采食量会相应地减小（Waller et al.，1980）；而日粮中中性洗涤纤维含量过低时，将导致瘤胃酸中毒并降低乳脂率（Havekes et al.，2019）。由于向日葵秸秆分为内部的茎髓和外部的韧皮，因此本试验中向日葵秸秆的混合青贮的中性洗涤纤维含量与苜蓿青贮差异并不大，同时在整体日粮中占比较少，因此，当混合青贮替代量为 15% 和 30% 时，并未对产奶量与干物质采食量造成显著性影响。Allen 等（2009）认为，纤维含量适中的日粮对泌乳早期的奶牛有益，哺乳中期在奶牛日粮中加入少量秸秆会导致干物质采食量的小幅增加。Humphries 等（2010）研究表明，在泌乳期奶牛的全混合日粮中添加 4% 切碎秸秆，发现对其采食量和产奶量并无影响。也有报道指出，用小麦秸秆部分替代苜蓿对奶牛干物质采食量没有影响（Beauchemin et al.，1999）。林志鹏等（2016）研究表明，当饲喂的全株玉米青贮比例过大时，中性洗涤纤维含量升高，会降低奶牛的产奶量。在本试验中，当混合青贮替代量为 15% 和 30% 时，对干物质采食量和产奶量无显著性影响。与上述结果保持一致。当添加量为 50% 时，干物质采食量与产奶量显著性下降，表明在一定范围内添加低值向日葵秸秆对奶牛产奶量和乳品质无影响，超过一定范围饲草品质下降、适口性下降，影响采食量，最终导致产奶量降低（Vandehaar et al.，2006）。

乳脂率、乳蛋白率和乳糖是评价乳品质的重要指标。其含量主要受产奶量、日粮中精粗比例、能量摄入水平、干物质采食量等多种因素的影响。乳脂中含有丰富的人体所需要的必需脂肪酸，不仅使乳具有良好的风味，还是多种维生素的载体（方振华，2009）。有效中性洗涤纤维可以稳定乳脂率，其原因在于中性洗涤纤维水平会影响瘤胃液乙酸与丙酸浓度。乙酸是脂肪酸合成的基础原料，因此乙酸和丙酸的比值下降会导致乳脂率下降。张峰等（2007）认为当日粮中精粗比较高时，瘤胃会进入丙酸发酵模式，此时乙酸和丁酸含量降低，从而影响乳腺合成短、中链脂肪酸，最终导致乳脂率降低。Linton 等（2009）的研究表明，提高基础日粮中纤维的含量可以提高乙酸的产量，进而提高牛乳的乳脂率。因此，本试验中添加50% 混合青贮导致乳脂率上升，其原因或许是由于为奶牛日粮提供了充足的中性洗涤纤维。

乳蛋白率是评价乳品质的重要指标，与奶牛干物质采食量、日粮粗蛋白含量等密切相关（甘家付 等，2016）。Hwang 等（2000）认为牛乳蛋白质在 3.0% ～ 3.2% 以上为理想值。而本试验中，乳蛋白略高于该范围。乳糖由葡萄糖和半乳糖所构成，其含量除了受多种因素影响，如乳糖酶活性、胃排空率、肠转时间和肠道细菌发酵的能力等（李珊珊，2018）。一般认为，乳糖与产奶量成正相关，其原因在于乳糖起到调节乳腺渗透压的作用（Vilotte，2002）。本试验中，试验Ⅲ组乳糖含量低于对照组，这或许在一定程度上导致该组产奶量降低。牛奶中体细胞数是检测奶牛健康状况和牛奶质量的最重要指标（Li et al.，2014）。当乳腺组织受到感染后，血液中的白细胞大量进入乳腺，会引起牛奶体细胞数增加（李大刚，2006）。本试验中，各处理组体细胞数均无显著性差异，表明添加向日葵秸秆与苜蓿混合青贮并不会影响奶牛的健康与牛奶质量。

3.3.2　向日葵秸秆混贮对奶牛瘤胃发酵效果的影响

瘤胃发酵参数反映了瘤胃内部的发育状况、瘤胃发酵模式和日粮的发酵程度，是评价瘤胃内部情况的关键指标（Blanco et al.，2014）。目前，评价瘤胃发酵的主要参数包括瘤胃液 pH、有机酸含量和氨态氮等。瘤胃 pH 能直接反映瘤胃内微生态环境，包括瘤胃微生物活动、饲料发酵情况以及有机酸和其他代谢产物的生成（Dijkstra et al.，2020）。瘤胃内微生物的生存和繁殖最适宜的 pH 是 5.0～7.5。瘤胃微生物在该条件下能正常进行生理活动并产生丰富的挥发性脂肪酸，随后被机体吸收利用。影响瘤胃液 pH 的因素众多，包括日粮的成分和营养等级、唾液中的缓冲盐含量以及瘤胃上皮细胞对 VFA 的吸收效率等（许啸 等，2013，单强，2021）。一般认为，瘤胃 pH 高于 6.2 是纤维分解菌发挥作用的重要条件，本试验中，各组 pH 均高于 6.2，证明各组奶牛均能有效利用饲粮中的纤维素。

对于反刍动物而言，挥发性脂肪酸，包括乙酸、丙酸和丁酸等，是其主要的能量来源。这些挥发性脂肪酸由瘤胃微生物将碳水化合物发酵而成，并作为合成体内脂肪和乳脂的基本原料。饲料的种类及其微生物群落的不同，会影响发酵产生挥发性脂肪酸的比例及多样性。挥发性脂肪酸的产生量受到饲料成分与构成瘤胃内的微生态环境以及瘤胃 pH 等因素的共同作用，对反刍动物生长发育、泌乳和繁殖能力的维持起至关重要的作用。在反刍动物体内，挥发性脂肪酸可提供 60%～80% 所需的能量，在动物营养中具有重要地位（Harmon et al.，2020）。在奶牛瘤胃内，营养物质经过乙酸型和丙酸型两种主要的发酵过程。无论是纤维的发酵还是非纤维性碳水化合物的发酵，都会对瘤胃中生成的乙酸与丙酸水平造成影响（林聪，2017）。瘤胃微生物作用于粗纤维、淀粉以及可溶性糖，通过不同的代谢路径转化为各种挥发性脂肪酸（黎智峰，2010）。

乙酸作为乳脂中脂肪酸合成的关键前体物质，在反刍动物体内对脂肪酸的合成过程具有重要作用（武小姣，2023）。丙酸担任糖异生的前体角色，能够增加血液中的糖含量，同时能够减少血液中酮体的浓度（王聪 等，2006）。在瘤胃中，饲料含有的蛋白质和非蛋白氮分解后形成的产物为氨态氮（张宜辉 等，2022），同时也是瘤胃内微生物合成微生物粗蛋白（Microbial crude protein，MCP）的底物。姜士凯（2013）提出瘤胃内氨态氮正常浓度在 5.00 ～ 31.45 mg/100 mL，在此范围内氨态氮浓度下降表明瘤胃微生物对其利用效率提高。瘤胃乙酸 / 丙酸值可反映瘤胃的发酵类型，瘤胃乙酸 / 丙酸值 ≤ 2.5 时为丙酸型发酵（齐智利，2004）。此时瘤胃中纤维分解菌的相对丰度降低，进而使瘤胃乙酸含量下降。本试验中，各组乙酸 / 丙酸值并无显著性差异，证明向日葵秸秆混贮并未改变奶牛瘤胃发酵类型，其原因在于向日葵秸秆含有大量的茎髓结构，因此向日葵秸秆整体中性洗涤纤维含量并不高。

3.3.3 向日葵秸秆混贮对奶牛瘤胃微生物多样性的影响

反刍动物是粗饲料的主要利用者，主要依靠瘤胃微生物来降解和消化纤维素。瘤胃中细菌、真菌、古菌和纤毛虫等微生物在其复杂的动态发酵环境中，以协同作用分解纤维和多糖等营养物质。这一过程产生的挥发性脂肪酸、微生物蛋白和多种维生素对于宿主动物生理需求至关重要。此外，Hu 等（2022）研究发现，瘤胃菌群的改变与奶牛乳房炎的发生密切相关。在本试验中，各试验组 Sobs 指数、Chao1 指数、ACE 指数和 Shannon 指数均低于对照组，表明向日葵秸秆与苜蓿混合青贮降低了奶牛瘤胃细菌丰富度和多样性。在门水平上，本试验得出优势菌群为厚壁菌门、拟杆菌门和变形菌门。这与 Kim 等（2011）和 Wongwilaiwalin 等（2013）研究结果保持一致。厚壁菌门和拟杆菌门分别主要参与纤维类物质的降解，能够帮助家畜消化纤维素较多的牧草（Myer et al.，2015）。变形菌门含有纤维素分解菌、半纤维素分解菌和蛋白分解酶等，可以提高家畜对于纤维类物质降解能力（Bainbridge et al.，2016；Myer et al.，2015）。拟杆菌主要通过分泌碳水化合物反应酶来分解饲粮中的碳水化合物，但对纤维素不起作用（Naas et al.，2014）。本研究中的瘤胃优势菌属为普雷沃氏菌属、理研菌科 RC9 肠道群，这与郑会超等（2023）研究结果保持一致。理研菌科主要在降解纤维多糖方面发挥作用，瘤胃梭菌属也具有降解纤维素的功能，二者均能生成乙酸（Goulart et al.，2020）。普雷沃氏菌属主要代谢瘤胃中的半纤维素和果胶等，主要产生乙酸、甲酸等（王炳，2019）。本实验中，相比于对照组，试验Ⅰ组和试验Ⅱ组的普雷沃氏菌属和理研菌科的微生物丰度提高，证明适量添加向日葵秸秆混合青贮能改善奶牛瘤胃菌群结构。

由于目前仍具有大量的未鉴定属，并且当前这些未鉴定属的功能仍然不清楚，因此本研究无法对瘤胃发酵功能进行全面的了解。但随着细菌鉴定工作的不断推进，对这些未分类细菌的进一步了解将有助于提高反刍动物的饲料养分利用率。

3.4 小结

添加 15% 和 30% 向日葵秸秆与苜蓿混合青贮不会对奶牛生产性能造成显著性影响，并在一定程度上提高了肠道中普雷沃氏菌属和理研菌的相对丰度，对于奶牛瘤胃菌群有一定改善作用。添加 50% 向日葵秸秆混合青贮后，奶牛干物质采食量与产奶量显著降低（$P < 0.05$），但乳脂率显著提高（$P < 0.05$）。综合经济效益分析，利用混合青贮替代奶牛日粮中苜蓿青贮时，当替代量为 30% 时经济效益最高。

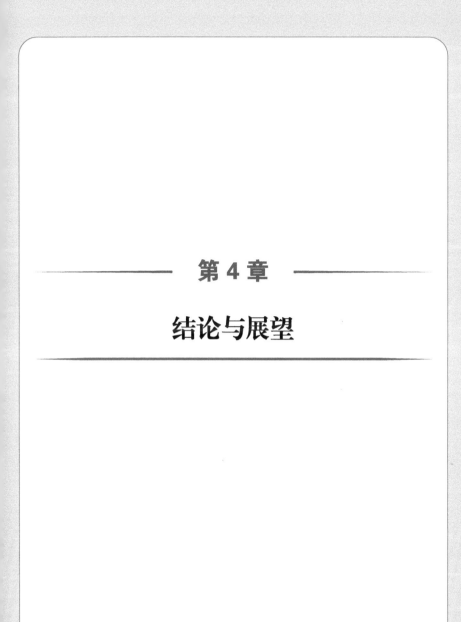

第 4 章

结论与展望

4.1　结论

（1）在向日葵秸秆与苜蓿混合青贮中，向日葵秸秆添加量较高时，可以使 pH 下降更迅速，同时减少乙酸和丁酸的产生。同时减少发酵过程中肠杆菌和酵母菌数量。

（2）在发酵初期，添加向日葵秸秆可以致使发酵启动较早，减少营养物质损失，同时乳杆菌相对丰度提高，但在发酵末期，各处理间 pH 与微生物多样性并无显著性差异。

（3）相比于向日葵秸秆单贮，混合青贮中黄酮和氨基酸衍生物上调。

（4）对不同比例苜蓿与向日葵秸秆混贮品质隶属函数分析，混贮比例为 5:5 时品质最佳。

（5）利用苜蓿和向日葵秸秆比例 5∶5 混合青贮替代奶牛日粮中苜蓿青贮，当替代量为 15% 和 30% 时，对奶牛产奶量影响不显著（$P > 0.05$），可降低日粮成本。综合经济效益分析，推荐泌乳奶牛生产中的日粮替代量为 30%。

4.2　创新点

（1）研究利用向日葵秸秆和苜蓿混合青贮，探究了混贮过程中营养成分、发酵品质的动态变化过程以及奶牛饲喂效果，具有理论价值，可为向日葵秸秆在国内的饲料化进展提供相关理论依据。

（2）使用测序技术揭示了向日葵秸秆青贮的动态变化过程，可为向日葵秸秆的开发利用提供思路。

4.3 展望

本试验针对向日葵秸秆混合青贮品质、菌群结构及代谢产物进行了研究，取得了一定的成果，但仍存在以下几个问题。

（1）由于 16S rDNA 测序是通过扩增某个或某几个高变区来检测，一般精确到属水平，少数可鉴定到种。因此需要三代测序技术来验证本试验的结果。

（2）由于广靶代谢组学检测到的差异代谢物为相对含量，因此还需要对一些代谢物做定量分析，才能更准确地评价青贮效果。

（3）瘤胃微生物中尚有大量的未鉴定属，这些未鉴定属的功能仍然不清楚。

参考文献

白嘉璇，孙冉，丰明凤，等，2022. 向日葵化学成分及药理活性研究进展 [J]. 中国现代中药，24(9):1808–1822.

毕于运，高春雨，王亚静，等，2009. 中国秸秆资源数量估算 [J]. 农业工程学报，25(12): 211–217.

常璐，刘青，张秀丽，等，2022. 3 个向日葵品种生长期内水分，蛋白质和总黄酮含量动态变化 [J]. 生物资源，44(1): 84–90.

陈海军，2021. 我国向日葵市场与产业调查分析报告 [J]. 农产品市场 (18): 52–54.

陈小强，张鹤，杨逢建，等，2019. 向日葵茎髓提取物的抑菌活性及机制 [J]. 精细化工，36(4): 649–657.

单强，2021. 富铬酵母对热应激奶牛生产性能、血液指标、瘤胃菌群结构及代谢物的影响 [D]. 北京：中国农业科学院.

杜蕾，谷令彪，位子昂，等，2022. 酶解法提取花生壳黄酮及其抗氧化性，抑菌性研究 [J]. 中国调味品，47(1): 195–199.

方振华，2009. 两种不同类型的能量饲料对泌乳奶牛产奶性能及血液生化指标的影响 [D]. 郑州：河南农业大学.

甘家付，丁小祥，陈长乐，等，2016. 奶牛乳蛋白合成的影响因素分析 [J]. 中国乳业 (11): 36–39.

郭树春，李素萍，孙瑞芬，等，2021. 世界及我国向日葵产业发展总体情

况分析 [J]. 中国种业 (7): 10–13.

何余堂, 潘孝明, 2010. 植物多糖的结构与活性研究进展 [J]. 食品科学 (17): 493–496.

贾秀苹, 卯旭辉, 梁根生, 等, 2022. 向日葵抗盐碱生理生化机制与生长 发育特性分析 [J]. 作物杂志 (5): 146–152.

姜士凯, 2013. 不同类型日粮对泌乳奶牛体况, 瘤胃发酵及生产性能的 影响 [D]. 郑州 : 河南农业大学.

姜守刚, 谭笑, 吴磊, 等, 2018. 向日葵茎芯多糖的提取工艺优化及其体 外抗肿瘤活性研究 [J]. 植物研究, 38(5): 795–800.

孔倩倩, 丁双婷, 2018. 向日葵叶药用研究进展 [J]. 现代医学与健康研究 电子杂志 (1): 158.

黎智峰, 2010. 有机铬和苦丁茶提取物对热应激山羊的影响 [D]. 郑州 : 河南农业大学.

李大刚, 2006. 阴离子盐和维生素 D 对围产期奶牛钙调控机制和健康作 用的研究 [D]. 北京 : 中国农业科学院.

李娜, 2018. 小麦秸秆替代苜蓿对泌乳奶牛瘤胃消化代谢及生产性能的 影响 [D]. 泰安 : 山东农业大学.

李荣德, 李媛媛, 牛庆杰, 2021. 我国向日葵品种登记状况分析 [J]. 中国 油料作物学报, 43(3): 518–523.

李珊珊, 2018. 甜高粱营养价值评定及其在奶牛生产中的应用研究 [D]. 兰州 : 兰州大学.

李肖, 陈永成, 许平珠, 等, 2022. 向日葵副产物微贮复合发酵条件的响 应曲面优化分析 [J]. 动物营养学报, 34(7): 4726–4736.

李远见, 单安山, 2010. 向日葵茎芯多糖的提取及其对鸡血清白介素 –2 含量的影响 [J]. 动物营养学报, 22(5): 1440–1444.

李云聪, 牛志平, 徐美利, 等, 2021. 甜叶菊与其他植物中绿原酸类成分对比分析 [J]. 中国食品添加剂, 32(1): 1–6.

林聪, 2017. 辣木与其他粗饲料营养价值比较及替代苜蓿对奶牛生产性能的影响 [D]. 哈尔滨: 东北农业大学.

林志鹏, 杨广林, 林广宇, 等, 2016. 饲喂不同比例全株玉米青贮对泌乳奶牛产奶量及乳成分的影响 [J]. 现代畜牧兽医 (11): 5–11.

刘敏, 王立明, 杨东, 等, 2015. 向日葵秸秆青贮及其质量评价研究 [J]. 畜牧与饲料科学, 36(5): 43–45.

刘小波, 薛均来, 2016. 一种抗痛风中草药葵花盘粉的药理作用 [J]. 内蒙古中医药, 35(8): 130–131.

刘玉敏, 2006. 向日葵叶中绿原酸的提取及降血糖药效学研究 [D]. 延吉: 延边大学.

刘月琴, 张英杰, 2011. 油葵秸秆青贮制作方法的研究 [J]. 黑龙江畜牧兽医 (17): 80–82.

马惠茹, 赵智香, 陈艳君, 2014. 内蒙古河套地区向日葵饲料资源生产情况及开发利用现状 [J]. 中国畜牧兽医, 41(3): 251–254.

马宇莎, 2022. 紫花苜蓿 (Medicago sativa L.) 混合青贮对青贮品质及微生物多样性的影响 [D]. 呼和浩特: 内蒙古师范大学.

马宇莎, 高凤芹, 苏亚拉图, 等, 2022. 全株玉米与紫花苜蓿或向日葵秸秆混贮效果研究 [J]. 中国草地学报 (6): 44.

木合塔尔·阿里木, 妈依努尔·吾斯慢, 2007. 向日葵茎髓中多糖及微量元素含量分析 [J]. 微量元素与健康研究, 24(1): 22–24.

齐智利, 2004. 玉米的不同加工处理对泌乳奶牛瘤胃发酵和小肠消化以及能氮同步代谢影响的研究 [D]. 呼和浩特: 内蒙古农业大学.

其其格, 2020. 草原畜牧业降成本提效益问题研究 [J]. 当代畜禽养殖业

(9): 44–48.

施雅娜，伍振煌，王俊龙，2022. 植物黄酮类化合物的提取工艺，生物活性功能及在畜禽生产中应用研究进展 [J]. 饲料研究 (11): 45.

史明，2015. 向日葵氨化 (尿素) 处理技术 [J]. 新疆畜牧业 (5): 37–38.

苏嘉琪，辛杭书，张广宁，等，2022. 国内外青贮饲料原料来源、品质评价及影响因素的研究进展 [J]. 动物营养学报，34(12): 7585–7594.

孙保中，张家伟，李薪宇，等，2022. 向日葵叶的生药学研究 [J]. 安徽农业科学，50(2): 182–185+205.

索金玲，彭秋，朱然，2010. 向日葵花盘水溶性多糖提取工艺及抗氧化研究 [J]. 生物技术，20(2): 74–77.

索茂荣，杨峻山，2006. 向日葵属植物倍半萜类化学成分及其生物活性研究概况 [J]. 中草药，37(1): 135–140.

谭笑，2017. 向日葵茎芯多糖的提取纯化与活性评价 [D]. 哈尔滨：东北林业大学 .

田亚红，王巍杰，王之爽，2013. 向日葵花盘、秸秆发酵生产生物蛋白饲料工艺的研究 [J]. 饲料工业 (11): 47–50.

王炳，2019. 基于 16srRNA 和代谢组技术研究三萜皂苷调控犊牛瘤胃代谢机制 [D]. 北京：中国农业科学院 .

王超，刘金明，王春圻，2022. 玉米秸秆碱性预处理技术研究进展 [J]. 黑龙江八一农垦大学学报 (2): 23–31.

王聪，黄应祥，刘强，等，2006. 戊酸对西门塔尔牛瘤胃发酵的影响 [J]. 饲料工业 (19): 22–24.

王丽珍，王俊跃，任浩，等，2022. 分级法研究脱籽向日葵的细胞形态和化学成分 [J]. 林产化学与工业，42(2): 25–30.

闻金光，王林，韩晓梅，等，2021. 我国向日葵种子加工的发展及现状

[J]. 中国种业 (11): 17–19.

吴比，2019. 向日葵茎芯多糖抗肺癌转移的活性与机制研究 [D]. 哈尔滨：东北林业大学 .

武小姣，2023. 不同基因型泌乳奶牛的生产性能、血清生化指标和瘤胃发酵参数的对比研究 [D]. 扬州：扬州大学 .

徐敏云，2014. 草地载畜量研究进展：中国草畜平衡研究困境与展望 [J]. 草业学报，23(5): 321–329.

许啸，刘君地，李燕，等，2013. 热应激对奶山羊瘤胃发酵指标的影响及有机铬对其的调控作用 [J]. 动物营养学报，25(1): 100–106.

杨舜伊，袁纯红，2022. 向日葵倍半萜类化学成分及生物活性研究进展 [J]. 中国野生植物资源，41(7): 55–59.

叶静渊，1999. "葵" 辨——兼及向日葵引种栽培史略 [J]. 中国农史 (2): 66–73.

于杰，郑琛，李发弟，等，2013. 向日葵秸秆与全株玉米混合青贮饲料品质评定 [J]. 草业学报，22(5): 198–204.

曾芸，2006. 向日葵在中国的传播 [J]. 农业考古 (3): 21–23.

张兵，俞春山，2010. 影响反刍动物干物质采食量的因素 [J]. 饲料博览 (7): 21–23.

张殿军，2016. 影响奶牛干物质采食量的日粮因素 [J]. 现代畜牧科技 (6): 62.

张峰，王昆，左晓磊，等，2007. 高产奶牛日粮中苜蓿干草适宜添加量的研究 [J]. 饲料博览 (1): 5–8.

张杰平，陈亮，2020. 秸秆饲料的利用价值及加工技术 [J]. 当代畜禽养殖业 (5):60.

张金环，甄二英，王涛，等，2005. 油葵在畜牧业中的应用研究 [J]. 饲料

研究 (12): 40–41.

张丽英, 2007. 饲料分析及饲料质量检测技术 [M]. 北京：中国农业大学出版社.

张润厚, 李晓宇, 王捷熙, 等, 1997. 葵花盘及葵花叶营养成分的研究 [J]. 内蒙古农牧学院学报, 18(2): 3.

张尚明, 陈春林, 罗玲, 等, 1994. 向日葵茎芯多糖的免疫药理作用 [J]. 中国药理学通报 (3): 238.

张燕丽, 2021. 葵花盘绿原酸的提取及体外降血糖的研究 [D]. 长春：长春工业大学.

张燕丽, 尹佳乐, 陈越, 等, 2021. 响应面法优化超声辅助提取葵花盘中的绿原酸 [J]. 食品工业, 42(6): 1–5.

张宜辉, 宁丽丽, 武小姣, 等, 2022. 甘蔗糖蜜酵母发酵浓缩液对泌乳奶牛瘤胃发酵参数和微生物区系的影响 [J]. 动物营养学报, 34(3): 1604–1613.

郑会超, 郭晓辉, 蒋永清, 等, 2023. 燕麦草在奶牛瘤胃中的降解规律与黏附细菌区系变化 [J]. 动物营养学报, 35(11): 7201–7211.

钟姣姣, 李万林, 刘军海, 2014. 响应面分析法优化向日葵秸秆中绿原酸的提取及其抗氧化性研究 [J]. 中国饲料 (11): 14–18.

Adesogan A T, Arriola K G, Jiang Y, et al., 2019. Symposium review: technologies for improving fiber utilization[J]. Journal of Dairy Science, 102(6):5726–5755.

Allen M S, 2000. Effects of diet on short–term regulation of feed intake by lactating dairy cattle[J]. Journal of Dairy Science, 83(7): 1598–1624.

Allen M S, Bradford B J, Oba M, 2009. Board invited review: the hepatic oxidation theory of the control of feed intake and its application to ruminants[J]. Journal of Animal Science, 87(10): 3317–3334.

Amakura Y, Yoshimura M, Yamakami S, et al., 2013. Isolation of phenolic constituents and characterization of antioxidant markers from sunflower (*Helianthus annuus*) seed extract[J]. Phytochemistry Letters, 6(2): 302–305.

Amini–Jabalkandi J, Pirmohammadi R, Razzagzadeh S, 2007. Effects of different levels of sunflower residue silage replacement with alfalfa hay on Azari male buffalo calves fattening performance[J]. Italian Journal of Animal Science, 6: 495–498.

Bainbridge M L, Cersosimo L M, Wright A D G, et al., 2016. Rumen bacterial communities shift across a lactation in Holstein, Jersey and Holstein × Jersey dairy cows and correlate to rumen function, bacterial fatty acid composition and production parameters[J]. FEMS microbiology ecology, 92(5): fiw059.

Bal M A, Coors J G, Shaver R D, 1997. Impact of the maturity of corn for use as silage in the diets of dairy cows on intake, digestion, and milk production[J]. Journal of Dairy Science, 80(10): 2497–2503.

Beauchemin K A, Yang W Z, Rode L M, 1999. Effects of grain source and enzyme additive on site and extent of nutrient digestion in dairy cows[J]. Journal of Dairy Science, 82(2): 378–390.

Belyea R L, Marin P, Sedgwick H T, 1985. Utilization of chopped and long alfalfa by dairy heifers[J]. Journal of Dairy Science, 68(5): 1297–1301.

Besharati M, Karimi M, Taghizadeh A, et al., 2020. Improve quality of alfalfa silage ensiled with orange pulp and bacterial additive[J]. Kahramanmaraş Sütçü İmam Üniversitesi Tarım ve Doğa Dergisi(23): 1661–1669.

Besharati M, Palangi V, Ayaşan T, et al., 2022. Improving ruminant fermentation characteristics with addition of apple pulp and essential oil to silage[J]. Mindanao Journal of Science and Technology, 20(1): 206–226.

Besharati M, Palangi V, Nekoo M, et al., 2021a. Effects of lactobacillus buchneri inoculation and fresh whey addition on alfalfa silage quality and fermentation properties[J]. Kahramanmaraş Sütçü İmam Üniversitesi Tarım ve Doğa Dergisi, 24: 671–678.

Besharati M, Palangi V, Niazifar M, et al., 2023. Effect of adding flaxseed essential oil in alfalfa ensiling process on ruminal fermentation kinetics[J]. Kahramanmaraş Sütçü İmam Üniversitesi Tarım ve Doğa Dergisi, 26(2): 450–458.

Besharati M, Palangi V, Niazifar M, et al., 2021b. Optimization of dietary lemon seed essential oil to enhance alfalfa silage chemical composition and in vitro degradability[J]. Semina: Ciências Agrárias, 42(2): 891–906.

Blanco C, Bodas R, Prieto N, et al., 2014. Concentrate plus ground barley straw pellets can replace conventional feeding systems for light fattening lambs[J]. Small Ruminant Research, 116(2): 137–143.

Borreani G, Tabacco E, Schmidt R J, et al., 2018. Silage review: factors affecting dry matter and quality losses in silages[J]. Journal of Dairy Science, 101(5):3952–3979.

Bueno M, Junior E, Possenti R, et al., 2004. Desempenho de cordeiros alimentados com silagem de girassol ou de milho com proporções crescentes de ração concentrada[J]. Revista Brasileira De Zootecnia-brazilian Journal of Animal Science – Rev Bars Zootecn, 33(6): 1942–1948.

Chen S, Wan C, Ma Y, et al., 2023. Study on the quality of mixed silage of rapeseed with alfalfa or myriophyllum[J]. International Journal of Environmental Research and Public Health, 20(5): 3884.

Chiurazzi M J, Nørrevang A F, García P, et al., 2022. Controlling flowering of *Medicago sativa* (alfalfa) by inducing dominant mutations[J]. Journal of Integrative Plant Biology, 64(2): 205–214.

Demiirel M, Bolat D, Celik S, et al., 2006. Evaluation of fermentation qualities and digestibilities of silages made from sorghum and sunflower alone and the mixtures of sorghum–sunflower[J]. Journal of Biological Sciences, 6(5): 926–930.

Demïrel M, Bolat D, Celik S, et al., 2006. Quality of silages from sunflower harvested at different vegetational stages[J]. Journal of Applied Animal Research, 30(2): 161–165.

Demirel M, Bolat D, Çelik B, et al., 2008. Determination of fermentation and digestibility characteristics of corn, sunflower and combination of corn and sunflower silages[J]. Journal of Animal and Veterinary Advances, 8: 711–714.

Deng M, Chen H, Long J, et al., 2021. Atractylenolides (Ⅰ , Ⅱ , and Ⅲ): a review of their pharmacology and pharmacokinetics[J]. Archives of Pharmacal Research, 44(7): 633–654.

Dijkstra J, Van Gastelen S, Dieho K,et al., 2020. Review: rumen sensors: data and interpretation for key rumen metabolic processes[J]. Animal, 14(S1): 176–186.

Dong X, Fu J, Yin X, et al., 2016. Emodin: a review of its pharmacology, toxicity and pharmacokinetics[J]. Phytotherapy Research, 30(8): 1207–1218.

Du Z, Sun L, Lin Y, et al., 2022. Use of Napier grass and rice straw hay as exogenous additive improves microbial community and fermentation quality of paper mulberry silage[J]. Animal Feed Science and Technology, 285(22): 115219.

Franchin M, Cólon D F, Castanheira F V, et al., 2016. Vestitol isolated from brazilian red propolis inhibits neutrophils migration in the inflammatory process: elucidation of the mechanism of action[J]. Journal of Natural Products, 79(4): 954–960.

Gandra J R, Oliveira E R D, Gandra E R S, et al., 2017. Inoculation of lactobacillus buchneri alone or with bacillus subtilis and total losses, aerobic stability, and microbiological quality of sunflower silage[J]. Journal of Applied Animal Research, 45(1): 609–614.

Geraets L, Moonen H J J, Brauers K, et al., 2007. Dietary flavones and flavonoles are inhibitors of poly(adp–ribose)polymerase–1 in pulmonary epithelial cells1, 2 [J]. The Journal of Nutrition, 137(10): 2190–2195.

Gholami–Yangije A, Pirmohammadi R, Khalilvandi–Behroozyar H, 2019. The potential of sunflower (*Helianthus annuus*) residues silage as a forage source in mohabadi dairy goats[J]. Veterinary Research Forum, 10(1): 59–65.

Goes R H, Miyagi E S, Oliveira E R D, et al., 2012. Chemical changes in sunflower silage associated with different additives[J]. Acta Scientiarum Animal Sciences, 35(1): 29–35.

Goto M, Yokoe Y, 1996. Ammoniation of barley straw. Effect on cellulose crystallinity and water–holding capacity[J]. Animal Feed Science and Technology, 58(3): 239–247.

Goulart R S, Vieira R A M, Daniel J L P, et al., 2020. Effects of source and concentration of neutral detergent fiber from roughage in beef cattle diets on feed intake, ingestive behavior, and ruminal kinetics[J]. Journal of Animal Science, 98(5): 107.

Harmon D L, Swanson K C, 2020. Review: nutritional regulation of intestinal starch and protein assimilation in ruminants[J]. Animal, 14(S1):17–28.

Havekes C, Duffield T F, Carpenter A J, et al., 2019. Effects of wheat straw chop length in high–straw dry cow diets on intake, health, and performance of dairy cows across the transition period[J]. Journal of Dairy Science, 103(1): 254–271.

Hu X, Li S, Mu R, Guo J, et al., 2022. The rumen microbiota contributes to the development of mastitis in dairy cows[J]. Microbiology Spectrum, 23, 10(1): e0251221.

Hu Z, Niu H, Tong Q, et al., 2020. The microbiota dynamics of alfalfa silage during ensiling and after air exposure, and the metabolomics after air exposure are affected by lactobacillus casei and cellulase addition[J]. Frontiers in Microbiology, 11: 519121.

Humphries D J, Beever D E, Reynolds C K, 2010. Adding straw to a total mixed ration and the method of straw inclusion affects production and eating behaviour of lactating dairy cows[J]. Advances in Animal Biosciences, 1(1): 95.

Hwang S Y, Lee M J, Chiou P, 2000. Monitoring nutritional status of dairy cows in taiwan using milk protein and milk urea nitrogen[J]. Asian–Australasian Journal of Animal Sciences, 13(12): 1667–1673.

Kennang A, Gagnon M, Varin T, et al., 2022. Metataxonomic insights into the microbial ecology of farm–scale hay, grass or legume, and corn silage produced with and without inoculants[J]. Frontiers in Systems Biology(2): 1–22.

Kim M, Morrison M, Yu Z, 2011. Status of the phylogenetic diversity census of ruminal microbiomes[J]. Fems Microbiology Ecology, 76(1): 49–63.

Koç F, Ozduven M L, Coşkuntuna L, et al., 2009. The effects of inoculant lactic acid bacteria on the fermentation and aerobic stability of sunflower silage[J]. Agriculture, 15(2): 47–52.

Konca Y, Beyzi S B, Kaliber M, et al., 2015. Chemical and nutritional changes in sunflower silage associated with molasses, lactic acid bacteria and enzyme supplementation[J]. Harran Journal of Agriculture and Food Sciences, 19(4): 223–231.

Kung L Jr, Shaver R D, Grant R J, et al., 2018. Silage review: interpretation of chemical, microbial, and organoleptic components of silages[J]. Journal of Dairy Science, 101(5): 4020–4033.

Kung L, Shaver R, 2001. Interpretation and use of silage fermentation analysis reports[J]. Focus Forage, 13: 20–28.

Lam P Y, Lui A C W, Wang L, et al., 2021. Tricin biosynthesis and bioengineering[J]. Frontiers in Plant Science, 12: 733198.

Leite L A, Silva B O D, Reis R B, et al., 2006. Silagens de girassol e de milho em dietas de vacas leiteiras: consumo e digestibilidade aparente[J]. Arquivo Brasileiro De Medicina Veterinaria E Zootecnia, 58(6): 1192–1198.

Li N, Richoux R, Boutinaud M, et al., 2014. Role of somatic cells on dairy processes and products: a review[J]. Dairy Science & Technology, 94(6): 517–538.

Li X, Ren J N, Fan G, et al., 2021. Advances on (+)–nootkatone microbial biosynthesis and its related enzymes[J]. Journal of industrial microbiology & biotechnology, 48(7–8):kuab046.

Li X, Tian J, Zhang Q, et al., 2018. Effects of mixing red clover with alfalfa at different ratios on dynamics of proteolysis and protease activities during ensiling[J]. Journal of Dairy Science, 101(10): 8954–8964.

Linton J A V, Allen M S, 2009. Nutrient demand interacts with forage family to affect nitrogen digestion and utilization responses in dairy cows[J]. Journal of Dairy Science, 92(4): 1594–1602.

Lui A C W, Lam P Y, Chan K H, et al., 2020. Convergent recruitment of 5'–hydroxylase activities by CYP75B flavonoid B–ring hydroxylases for tricin biosynthesis in Medicago legumes[J]. New Phytologist, 228(1): 269–284.

Lundqvist J, Jacobs A, Palm M, et al., 2003. Characterization of galactoglucomannan extracted from spruce (*Picea abies*) by heat-fractionation at different conditions[J]. Carbohydrate Polymers, 51(2): 203–211.

Mafakher E, Meskarbashi M, Hasibi P, et al., 2010. Study of chemical composition and quality characteristics of corn, sunflower and corn-sunflower mixture silages[J]. Asian Journal of Animal and Veterinary Advances, 5(2): 175–179.

Maréchal V, Rigal L, 1999. Characterization of by–products of sunflower culture – commercial applications for stalks and heads[J]. Industrial Crops and Products, 10(3): 185–200.

Mazza Rodrigues P H, Andrade S, 2008. Valor nutritivo da silagem de capim–elefante cultivar Napier (*Pennisetum purpureum, Schum*) inoculada com bactérias ácido–láticas[J]. Acta Scientiarum. Animal Sciences, 23: 809.

Mcgarvey J, Franco R, Palumbo J, et al., 2013. Bacterial population dynamics during the ensiling of *Medicago sativa* (alfalfa) and subsequent exposure to air[J]. Journal of Applied Microbiology, 114(6): 1661–1670.

Mehdikhani H, Jalali T H, Dahmardeh G M, 2019. Deeper insight into the morphological features of sunflower stalk as Biorefining criteria for sustainable production[J]. Nordic Pulp & Paper Research Journal, 34(3): 250–263.

Mello R D O, Nrnberg J L, Rocha M A D, 2004. Productive and qualitative performance of corn, sorghum and sunflower hybrids for ensiling[J]. Revista Brasileira Agrociência, 10(1): 87–95.

Mu L, Xie Z, Hu L, et al., 2020. Cellulase interacts with *Lactobacillus plantarum* to affect chemical composition, bacterial communities, and aerobic stability in mixed silage of high–moisture amaranth and rice straw[J]. Bioresource Technology, 315: 123772.

Müller L D, Langseth W, Solheim E, et al., 1998. Ammoniated forage poisoning: isolation and characterization of alkyl–substituted imidazoles in ammoniated forage and in milk[J]. Journal of Agricultural and Food Chemistry, 46(8): 3172–3177.

Myer P R, Smith T P L, Wells J E, et al., 2015. Rumen microbiome from steers differing in feed efficiency[J]. PLoS ONE, 10 (6): e0129174.

Naas A, Mackenzie A K, Mravec J, et al., 2014. Do rumen bacteroidetes utilize an alternative mechanism for cellulose degradation? [J]. Mbio, 5(4): 1–6.

Neumann M, Rossi E, Hunger H, et al., 2013. Genetic characters of sunflower (*Helianthus annuus* L.) aiming the improvement for whole plant silage[J]. Applied Research & Agrotechnology, 6(2): 113–119.

Ni K, Wang F, Zhu B, et al., 2017. Effects of lactic acid bacteria and molasses additives on the microbial community and fermentation quality of soybean silage[J]. Bioresource Technology, 238: 706–715.

Oliveira L B D, Pires A J V, Viana A E S, et al., 2010. Produtividade, composição química e características agronômicas de diferentes forrageiras[J]. Revista Brasileira de Zootecnia, 39(12): 2604–2610.

Ozduven M L, Koç F, Polat C, et al., 2009. The effects of lactic acid bacteria and enzyme mixture inoculants on fermentation and nutrient digestibility of sunflower silage[J]. Kafkas Universitesi Veteriner Fakultesi Dergisi, 15(2): 195–199.

Pereira L, Gonçalves L C, Rodriguez N M, et al., 2007. El ensilaje de girasol como alternativa forrajera[J]. Jornada Sobre Producción Y Utilización Ensilajes(1): 31–50.

Possenti R A, Júnior E F, Bueno M S, et al., 2005. Parâmetros bromatológicos e fermentativos das silagens de milho e girassol[J]. Ciencia Rural, 35: 1185–1189.

RafiŃska K, Pomastowski P, Wrona O, et al., 2017. *Medicago sativa* as a source of secondary metabolites for agriculture and pharmaceutical industry[J]. Phytochemistry Letters, 20: 520–539.

Rezende A V D, Evangelista A R, Valeriano A R, et al., 2007. Valor nutritivo de silagens de seis cultivares de girassol em diferentes idades de corte[J]. Ciencia E Agrotecnologia, 31(3): 896–902.

Rodrigues P H, Almeida T F D, Melotti L, et al., 2001. Efeitos da adição de inoculantes microbianos sobre a composição bromatológica e sobre a fermentação da silagem de girassol produzida em silos experimentais[J]. Revista Brasileira de Zootecnia, 30(6): 2169–2175.

Sainz–Ramírez A, Velarde–Guillén J, Estrada–Flores J G, et al., 2021. Productive, economic, and environmental effects of sunflower (*Helianthus annuus*) silage for dairy cows in small–scale systems in central Mexico[J]. Tropical Animal Health and Production, 53(2): 256.

Soest P J V, Robertson J B, Lewis B A, 1991. Methods for dietary fiber, neutral detergent fiber, and nonstarch polysaccharides in relation to animal nutrition[J]. Journal of Dairy Science, 74(10): 3583–3597.

Sousa V, Louvandini H, Scropfner E, et al., 2008. Performance, carcass traits and body components in hair sheep fed with sunflower silage and corn silage desempenho, características de carcaça e componentes corporais de ovinos deslanados alimentados com silagem de girassol e silagem de milho[J]. Ciência Animal Brasileira, 9(2): 284–291.

Tan M, 2015. Nutritive value of sunflower silages ensiled with corn or alfalfa at different rate[J]. Tarim Bilimleri Dergisi–journal of Agricultural Sciences, 21(4): 184–191.

Thomas V M, Murray G A, Thacker D L, et al., 1982. Sunflower silage in rations for lactating holstein cows[J]. Journal of Dairy Science, 65(2): 267–270.

Tomich T R, Rodrigues J A S, Gonçalves L C, et al., 2003. Potencial forrageiro de cultivares de girassol produzidos na safrinha para ensilagem[J]. Arquivo Brasileiro De Medicina Veterinaria E Zootecnia, 55(6): 756–762.

Torres A, Molinillo J M G, Varela R M, et al., 2015. Helikaurolides A–D with a diterpene–sesquiterpene skeleton from supercritical fluid extracts of *helianthus annuus* L. var. arianna[J]. Organic Letters, 17(19): 4730–4733.

Toruk F, Gonulol E, Kayïşoğlu B, et al., 2010. Effects of compaction and maturity stages on sunflower silage quality[J]. African Journal of Agricultural Research, 5(1): 55–59.

Vandehaar M J, St–Pierre N R, 2006. Major advances in nutrition: relevance to the sustainability of the dairy industry[J]. Journal of Dairy Science, 89(4): 1280–1291.

Vilotte J L, 2002. Lowering the milk lactose content in vivo: potential interests, strategies and physiological consequences[J]. Reproduction, Nutrition, Development, 42(2): 127–132.

Waller J C, Klopfenstein T J, Poos M I, 1980. Distillers feeds as protein sources for growing ruminants[J]. Journal of Animal Science, 51(5): 1154–1167.

Wang C, He L, Xing Y, et al., 2019a. Fermentation quality and microbial community of alfalfa and stylo silage mixed with Moringa oleifera leaves[J]. Bioresource Technology, 284: 240–247.

Wang D, Wang X H, Yu X, et al., 2021a. Pharmacokinetics of anthraquinones from medicinal plants[J]. Frontiers in Pharmacology, 12: 638993.

Wang J, Yang B Y, Zhang S J, et al., 2021b. Using mixed silages of sweet sorghum and alfalfa in total mixed rations to improve growth performance, nutrient digestibility, carcass traits and meat quality of sheep[J]. Animal, 15(7): 100246.

Wang M, Firrman J, Liu L, et al., 2019b. A review on flavonoid apigenin: dietary intake, adme, antimicrobial effects, and interactions with human gut microbiota[J]. HindawiBioMed Research International, 7010467.

Wang S, Li J, Dong Z, et al., 2018. Inclusion of alfalfa improves nutritive value and *in vitro* digestibility of various straw–grass mixed silages in Tibet[J]. Grass and Forage Science,73(3): 694–704.

Wongwilaiwalin S, Laothanachareon T, Mhuantong W, et al., 2013. Comparative metagenomic analysis of microcosm structures and lignocellulolytic enzyme systems of symbiotic biomass–degrading consortia[J]. Applied Microbiology and Biotechnology, 97: 8941–8954.

Zhang J, Kawamoto H, Cai Y, 2010. Relationships between the addition rates of cellulase or glucose and silage fermentation at different temperatures[J]. Animal Science Journal, 81(3): 325–330.